高 等 学 校 教 材

Experiment of Chemical Engineering Principle

化工原理实验

赫文秀
兰大为　编
王亚雄

高等教育出版社·北京

内容提要

本书是化工原理、食品工程原理、环境工程原理、制药工程原理等相关课程的配套实验教材。本书从化学工程学科发展对相关实验提出的要求出发，重新构造教学内容框架，突出现代化学工程从单元技术研究向以化学产品为对象的综合技术研究转变的特点，重点培养学生综合素质，通过实验使学生掌握化工生产的单元操作技能、实验研究方法，以及提高分析问题和解决问题的能力。

全书共五章，分别为绪论、实验研究方法、实验数据误差分析及处理、化工常用仪表及测量技术、化工原理实验内容。本书可作为高等学校化工、轻化工程、化学、制药、食品、机械、环境、生物等相关专业的实验教材，也可供化学工程等领域相关人员参考。

图书在版编目(CIP)数据

化工原理实验/赫文秀,兰大为,王亚雄编.--北京:高等教育出版社,2017.10

ISBN 978-7-04-048549-3

Ⅰ.①化… Ⅱ.①赫… ②兰… ③王… Ⅲ.①化工原理-实验-高等学校-教材 Ⅳ.①TQ02-33

中国版本图书馆CIP数据核字(2017)第226691号

Huagong Yuanli Shiyan

策划编辑 翟 怡　责任编辑 翟 怡　封面设计 赵 阳　版式设计 马 云
插图绘制 杜晓丹　责任校对 吕红颖　责任印制 耿 轩

出版发行 高等教育出版社
社 址 北京市西城区德外大街4号
邮政编码 100120
印 刷 北京市密东印刷有限公司
开 本 787mm×960mm 1/16
印 张 9.25
字 数 130千字
购书热线 010-58581118
咨询电话 400-810-0598
网 址 http://www.hep.edu.cn
http://www.hep.com.cn
网上订购 http://www.hepmall.com.cn
http://www.hepmall.com
http://www.hepmall.cn
版 次 2017年10月第1版
印 次 2017年10月第1次印刷
定 价 18.50元

物 料 号 48549-00

前言

化工原理实验属于工程类实验范畴，不同于物理、化学等基础理论课程的实验。化工原理实验作为化工类创新人才培养过程中重要的实践环节，在化工教育中起着至关重要的作用，其所研究的对象均涉及复杂的化工过程中的实际问题，因此它具有直观性、实践性、创新性和综合性。本书针对化工原理实验的工程实践性，以培养实验研究过程中所需的能力和素质为目的，以具体的单元操作实验为研究对象，以处理工程实践问题的方法为主线，对化工原理实验进行了相应的改革，更新了实验内容。着重培养学生理论联系实际的能力和工程思维，力求加强实验者科学的工程实验方法论思维能力和科学的实验组织规划及实验设计能力。

本书是在内蒙古科技大学化工原理课程教学团队多年来的教学实践与先前编写《化工原理实验》教材的基础上，参考国内外相关书籍，结合当前化工原理课程的发展趋势、化工原理实验特点及学生自身发展情况，对原教材中部分内容和实验进行了修改。本书从工程实验的角度出发，以化工流动过程综合实验（流动阻力测定、离心泵性能测定）、板框过滤常数测定实验、气-汽对流传热综合实验、板式精馏塔实验、填料吸收塔性能及吸收实验、液-液萃取塔实验、干燥速率曲线测定实验七个单元操作实验为具体研究对象，较全面地阐明了化工原理实验的研究方法、实验数据处理、化工常用仪表及测量技术等内容。

本书由赫文秀、兰大为、王亚雄编写，参与编写工作的还有郎中敏、李玉生。在此，编者对在本书编写过程中给予热心帮助和支持的老师表示衷心的感谢。

本书在编写过程中，参阅了有关书籍、期刊及优秀高校的讲义等大量资料，由于篇幅有限，未能一一列举，谨此说明并致感谢。由于编者水平所限，书中难免存在不妥之处，衷心希望读者以科学严谨态度给予指教，使本书日臻完善。

编　者

2016年10月

目录

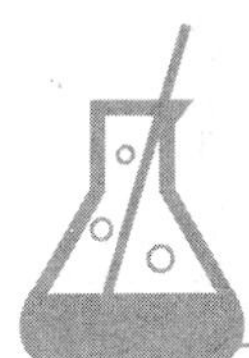

第一章　绪论

1.1　化工原理实验特点

化工原理实验是化学工程与工艺、制药工程、环境工程、食品工程、生物工程、过程装备与控制工程等专业教学计划中的一门必修课程。围绕化工原理课程中最基本的理论，开设有设计型、研究型和综合型实验，培养学生掌握实验研究方法，训练其独立思考、综合分析问题和解决问题的能力。化工原理实验属于工程实验范畴，与一般化学实验相比，具有很强的工程实践性，涉及物理学、物理化学、分析化学、仪器分析、化工仪表及自动化等很多学科领域知识，内容广泛。每个实验项目都相当于化工生产中的一个单元操作，通过实验能建立起一定的实际工程概念，因此，在实验课的全过程中，会遇到的大量工程实际问题，通过学习不仅可以更实际、更有效地了解工程实验方面的原理及测量手段，还能培养学生的思维方法和创新能力，为今后的学习和工作打下坚实的基础。化工原理实验的另一特点是理论联系实际。化工过程由很多单元操作和设备所组成，学生应学会运用理论去指导并独立进行化工过程的操作，应能在现有设备中完成指定的任务，并预测某些参数的变化对过程的影响。

1.2 化工原理实验教学目的

化工原理是一门技术基础课,除了系统地教授化工原理基础理论知识外,实验教学也是一个必不可少的实践性环节。因此,化工原理实验教学在化工原理课程教学中的作用、地位及其意义不容小觑。

在进行化工原理实验或进行任何其他的科学实验时,实验人员首先要具有一种最基本的实验态度——实事求是。"实事求是"就是要把实验所观察到的现象、数据、规律真实地记录下来,作为第一手的资料。科学推理要以实验观测为依据,科学理论要用实验观测来检验,因此记录下来的应该是实际观测的情况而不能在任何理由下加以编造、修改。只有具备了这种最基本的态度,实验工作才能为自己、为他人提供有意义的材料,实验人员才可能充分理解化工原理实验的根本意义,才能积极主动地根据实验要求来工作,并使自己受到良好正确的训练,不断提高自身的科学实验能力。

化工原理实验的教学目的主要有以下几方面:

1. 巩固和深化理论知识

在学习化工原理课程的基础上,按照化工原理实验教学目标的规定,分别从实验目的、实验原理、实验装置流程、数据处理分析等方面,组织各单元操作的实验内容,从而进一步理解一些比较典型的已被或将被广泛应用的化工过程与设备的原理和操作,巩固和深化化工原理的理论知识。

2. 提供一个理论联系实际的机会

运用所学的化工原理等化学化工的理论知识去解决实验中遇到的各种实际问题,同时学习在化工领域内如何通过实验获得新的知识和信息。例如:在化工、轻工等工业生产和实验研究中,经常测量的物理量有温度、压力、流量等,保证测量值达到所要求的精度,涉及测量技术的问题。通过在化工原理实验教学中增加常用测试仪器的基本原理和使用方法的介绍,可以丰富学生的实践知识。

3. 培养科学实验的能力

对于化学工程与工艺专业来说,化工原理实验之前有分析化学、物理化学等基础实验,其后有专业实验和毕业设计(论文)环节,从教学角度来说,应按纵向来培养和逐步提高学生的实验和科研能力。

实验能力主要包括:① 具有设计实验方案的能力,并完成一定的研究课题;② 具有观察和分析实验现象和解决实验问题的能力;③ 正确选择和使用测量仪表的能力;④ 利用实验的原始数据进行数据处理以获得实验结果的能力;⑤ 运用文字、图表完成实验报告的能力等。

学生只有通过一定的实验训练,才能掌握各种实验技能,为将来从事科学研究和解决工程实际问题打好坚实的基础。

4. 培养科学的思维方法、严谨的科学态度和良好的科学作风通过化工原理实验课程的学习,培养学生严肃认真的学习态度和实事求是的科学态度,为将来从事科学研究和解决工程实践问题打好基础。

总之,化工原理实验的教学目的是着重实践能力和解决实际问题能力的培养,这些能力的培养是化工原理课程教学所无法取代的。

1.3　化工原理实验教学内容与方法

1. 化工原理实验教学内容

化工原理实验教学内容主要包括实验理论教学、计算机仿真实验和典型单元操作实验三大部分。

(1) 实验理论教学

实验理论教学主要讲述化工原理实验教学的目的、要求和方法,化工原理实验的特点,化工原理实验装置,化工原理实验的研究方法,实验数据的误差分析,实验数据的处理方法与化工原理实验有关的计算机数据采集与控制基本知识等。

(2) 计算机仿真实验

计算机仿真实验包括仿真运行、数据处理和实验测评三部分。

(3) 典型单元操作实验

典型单元操作实验的内容包括:化工流动过程综合实验、板框过滤常数测定实验、气-汽对流传热综合实验、板式精馏塔实验、填料吸收塔性能及吸收实验、液-液萃取塔实验和干燥速率曲线测定实验。

2. 化工原理实验教学方法

由于工程实验是一项技术工作,它本身就是一门重要的技术学科,有自己的特点和系统。为了切实加强实验教学环节,将实验课单独设立,每个实验均安排现场预习和实验操作两个单元时间。化工原理实验工程性较强,有许多问题需提前考虑、分析,并做好必要的准备,因此必须在实验操作前进行预习。化工原理实验室实行开放制度,学生实验前必须预约。

化工原理实验成绩实行结构成绩制,分为三部分:

(1) 预习报告书写内容是否全面,是否清楚实验目的、实验原理、实验内容及步骤,占 10%。

(2) 现场提问、实验操作情况占 40%。

(3) 实验总结报告占 50%。

1.4 化工原理实验教学要求

化工原理实验包括:实验前的预习;实验过程操作;测定、记录和数据处理;撰写实验报告四个主要环节。各个环节的具体要求如下。

1. 实验前的预习

要达到实验目的中所提出的要求,仅靠了解实验原理是不够的,必须做到以下几点:

(1) 认真阅读实验讲义,复习化工原理课程教材及参考书的有关内容,掌握操作规程和安全注意事项。为培养能力,应对每个实验提出问题,带着问题到实验室现场预习。

(2) 到实验室现场熟悉实验设备装置的结构和流程。

(3) 明确操作程序与所要测定参数的项目,了解相关仪表的类型和使用方法,确定操作程序、所测参数项目的调整,以及实验测试点的分配等。

(4) 进行仿真实验和仿真实验测评。

(5) 特别要注意设备的哪些部分及操作中哪些步骤会产生危险,若有危险该采用何种防护措施,来确保实验操作中人身和设备安全。

不预习者不得操作实验,预习报告经指导教师检查通过后方可进行实验。

2. 实验过程操作

一般以2~3人为一小组合作进行实验,实验前必须作好组织工作,做到分工明确,团结协作,每个组员要各负其责,并且要在适当的时候进行轮换工作,这样既能保证质量,又能获得全面的训练。实验操作注意事项如下:

(1) 实验设备在启动操作前必须检查,应按教材说明的程序逐项进行,调整设备进入启动状态后再进行送电、通水或气等操作。

① 对泵、风机、压缩机、真空泵等设备,启动前先用手扳动联轴节,看能否正常转动。

② 检查设备、管道上各个阀门的开、闭状态是否合乎流程要求。

上述两点皆为正常时,才能合上电闸,使设备运转。

(2) 操作过程中设备及仪表有异常情况时,应立即按照停车步骤停车并报告指导教师,对问题的处理应了解其全过程,这是分析问题和处理问题的极好机会。

(3) 操作过程中要认真、耐心,应随时观察仪表指示值的变动及所发生的各种现象,确保操作过程在稳定条件下进行。实验数据要记录在备好的表格内,对实验数据要判别其合理性,出现不符合规律的现象时应注意观察研究,分析其原因,不要轻易放过。

(4) 停车前应依次将有关气源、水源、电源关闭,然后切断电动机电源,并将各阀门恢复至实验前所处的位置(开或关)。

3. 测定、记录和数据处理

(1) 确定需要测定的数据

凡是与实验结果有关或是整理数据时必需的参数都应一一测定。原始数据记录表的设计应在实验前完成。原始数据应包括工作介质性质、操作条件、设备几何尺寸等。并不是所有数据都要直接测定,凡是可以根据某一参数推导出或根据某一参数由手册查出的数据,就不必直接测定。例如,水的黏度、密度等物理性质,一般只要测出水温后即可查出,因此不必直接测定水的黏度、密度,而应该改测水的温度。

(2) 实验数据的分割

一般来说,实验时要测的数据尽管有许多个,但常常选择其中一个数据作为自变量来控制,而把其他受其影响或控制的、随之而变的数据作为因变量,如离心泵特性曲线就把流量选定为自变量,而把其他同流量有关的扬程、轴功率、效率等参数作为因变量。实验结果又往往要把这些所测的数据标绘在各种坐标系上，为了使实测数据能真实地反映客观规律，这里就涉及实验数据均匀分割的问题。化工原理实验最常用的有两种坐标系：直角坐标系和双对数坐标系，坐标不同所采用的分割方法也不同。其分割值与实验预定的测定次数及其最大、最小的控制量 x_{max}，x_{min} 之间的关系如下。

① 对于直角坐标系：

$$x_i = x_{min} \qquad \Delta x = \frac{x_{max} - x_{min}}{n-1} \qquad \Delta x_{i+1} = x_i + \Delta x$$

② 对于双对数坐标系：

$$x_i = x_{min} \qquad \lg \Delta x = \frac{\lg x_{max} - \lg x_{min}}{n-1}$$

$$\Delta x = \left(\frac{x_{max}}{x_{min}}\right)^{\frac{1}{n-1}} \qquad x_{i+1} = x_i \cdot \Delta x$$

（3）读数与记录

实验数据的记录应仔细认真、清楚整齐。学生应注意养成良好的习惯，培养严谨的科学作风。

① 待设备各部分运转正常，或操作过程中改变操作条件，需待操作稳定乃至达到新的稳定状态后才能读取数据。判断已达稳定的方法一般是经两次测定其读数应基本相近。对于连续不稳定操作状态，要在实验前充分熟悉方法并计划好记录的位置或时刻等，否则易造成实验结果无规律甚至反常。

② 同一操作条件下，不同数据最好是数人同时读取，若操作者同时兼读几个数据时，应尽可能动作敏捷。

③ 每次读数都应与其他有关数据及前一组数据对照，看看是否相互关联并合理。如不合理应查找原因，是实验现象反常还是读数错误，并要在记录上注明。

④ 所记录的数据应是直接读取的原始数值，不要记录经过运算后的数据，例如，U 形管压差计两端的液柱高度差，应分别读取记录，不要记录两者差值。

⑤ 根据仪表的精度，正确读取有效数字，读至仪表最小分度以下一位数为估计值，在测量时应进行估计，有利于对系统进行合理的误差分析。如水银温度计最小分度为 0.1 ℃，若水银柱恰好指示 16.2 ℃时，应记为 16.20 ℃。注意，过多取估计值的位数是毫无意义的。

若有些参数在读数过程中波动较大，首先要设法减小其波动。在波动不能完全消除的情况下，可取波动的最高点与最低点两个数据，然后取平均值，在波动不很大时可取一次波动的高低点之间的中间值作为估计值。

⑥ 对可疑数据，除有明显原因外（如读错、误记等），不要凭主观臆测修改记录数据，也不要随意舍弃数据，一般应在数据处理时检查处理。

⑦ 记录完毕要仔细检查一遍，有无漏记或错记之处，特别要注意仪表上的量程与计量单位。实验完毕将原始数据记录表格交给指导教师检查并签字，将一组实验数据记录到签到表上，确认准确无误后方可结束实验。

⑧ 实验结束后将实验设备和仪表恢复原始状态，切断电源，清扫卫生，经指导教师允许后方可离开实验室。

（4）数据的整理及处理

① 原始记录只可进行整理，绝不可以随意修改。不正确的数据经判断确实为过失误差造成的，标明后可剔除，不计入结果。

② 采用列表法整理数据一目了然，便于比较，一张正式实验报告一般要有三种表格：原始数据记录表、中间运算表和综合结果表。中间运算表之后应附有计算示例，以说明各项之间的关系。若过程相似可以一组数据计算过程为例。

③ 运算中尽可能采用参数分解法和参数综合法，可避免重复及烦琐计算，减少计算错误，提高运算速度。

例如，流体阻力实验，计算 Re 和 λ，可按以下方法进行。

Re 的计算：

$$Re=\frac{du\rho}{\mu}$$

其中 d,μ,ρ 在水温不变或变化甚小时可视为常数，合并为 $A=\frac{d\rho}{\mu}$，故有

$$Re=Au$$

A 确定后，改变 u 可算出 Re。

又如，管内摩擦系数 λ 的计算，由直管阻力计算公式：

$$\Delta p=\lambda\ \frac{l}{d}\cdot\frac{\rho u^2}{2}$$

得

$$\lambda=\frac{d}{l}\cdot\frac{2}{\rho}\cdot\frac{\Delta p}{u^2}=B'\frac{\Delta p}{u^2} \tag{1-1}$$

式中常数 $B'=\frac{d}{l}\frac{2}{\rho}$。

又实验中流体压降 Δp,用 U 形管压差计读数 R 测定,则

$$\Delta p=gR(\rho_0-\rho)=B''R \tag{1-2}$$

式中常数 $B''=g(\rho_0-\rho)$。

将式(1-2)代入式(1-1)整理得

$$\lambda=B'B''\frac{R}{u^2}=B\frac{R}{u^2} \tag{1-3}$$

式中常数 $B=\frac{d}{l}\cdot\frac{2g(\rho_0-\rho)}{\rho}$。

式(1-3)中仅有变量 R 和 u,这样 λ 的计算非常方便。

再如,计算填料层高度 z,可根据过程分析,将反映设备特性、操作条件的影响因素用传质单元高度 H_{OG} 来表示。

$$z=\frac{V}{K_Ya\Omega}\int_{Y_2}^{Y_1}\frac{dY}{Y-Y^*}=H_{OG}N_{OG}$$

式中 Ω——填料塔横截面积。

计算传质单元高度 H_{OG} 时,

$$H_{OG}=\frac{V}{K_Ya\Omega}$$

式中总传质系数 K_Y 和填料的有效比表面积 a 都需要进行测定,且 a 的数值很难直接测定,故可将二者作为一个完整的物理量来测定,使测定过程简化。

④ 实验结果及结论用列表法、图示法或回归分析法来说明都可以,但均需标明实验条件。列表法、图示法和回归分析法详见第三章实验数据误差分析及处理。

4. 撰写实验报告

实验报告是对实验工作进行的全面总结和系统概括,是实践环节中不可缺少的一个重要组成部分。实验报告必须简明扼要、数据准确完整、有讨论分析、结论明确。实验报告的图表、图形必须用直尺、曲线板绘制,并由计算机进行数据处理。实验报告应在指定时间交给指导教师批阅。

学生须独立自主完成实验报告的撰写,为今后写好研究报告和科学论文打下坚实基础。化工原理实验具有显著的工程性,它研究的对象是复杂的工程实际问题,因此化工原理实验报告可以按传统实验报告格式或小论

文格式撰写。

(1) 传统实验报告格式

实验报告的内容应包括以下几方面:

① 实验地点,实验日期,指导教师,报告人姓名、班级及同组实验人姓名等,上述内容作为实验报告的封面。

② 实验名称,实验目的、要求和内容。

③ 实验的基本原理,包括实验涉及的主要概念,实验依据的重要定律、公式及据此推算的重要结果等,要求准确、充分。

④ 实验装置介绍、流程示意图及主要设备的类型和规格。

⑤ 实验操作要点及步骤。

⑥ 实验注意事项。对于容易引起设备或仪器仪表损坏、容易发生危险,以及一些对实验结果影响比较大的操作,应在注意事项中注明,以引起注意。

⑦ 原始数据记录。记录实验过程中从测量仪表所读取的数值。读数方法要正确,记录数据要准确,要根据测量仪表的精度决定实验数据的有效数字的位数。

⑧ 实验数据处理。实验数据处理是将实验数据通过归纳、分析、计算等方法整理出一定关系,它是实验报告的重点内容之一。以某一组原始数据为例,把各项计算过程逐一列出,以说明数据整理表中的结果是如何得到的(详见第三章 3.3 实验数据处理部分)。将实验结果用列表法、图示法或方程表示法总结。表格要易于显示数据的变化规律及各参数的相关性;图要能直观地表达变量间的相互关系。

⑨ 实验结果的分析与讨论。

实验结果的分析与讨论是实验者理论水平的具体体现,也是对实验方法和结果进行的综合分析研究,也是实验报告的重要内容之一。其主要内容包括:从理论上对实验结果进行分析和说明,解释其必然性;对实验中的异常现象进行分析讨论,说明影响实验的主要因素;分析误差的大小和原因,讨论提高实验结果的途径;将实验结果与前人和他人的结果作对比,说明结果的异同,并解释这种异同;本实验结果在生产实践中的价值和意义,应用效果和推广预测等;由实验结果提出进一步的研究方向或对实验方法及装置提出改进建议等。

(2) 小论文格式

科学论文有其一定的写作格式,其构成常包括以下部分:标题、作者和单位、摘要、关键词、前言、正文、结论(或结果讨论)、致谢、参考文献、附录、外文摘要等。

① 标题

标题,又称为题目,它是论文的总纲,是文献检索的依据,是全篇论文的实质与精华,也是引导读者判断是否阅读该文的一个依据。因此论文的中心内容需在标题中准确地反映。

② 作者和单位

署名作者只限于那些选定实验研究课题和制定实验研究方案,直接参加全部或主要研究工作,做出主要贡献并了解论文报告的全部内容,能对全部内容负责解答的人。工作单位写在作者名下方。

③ 摘要(abstract)

撰写摘要的目的是让读者一目了然本文研究了什么问题,用了什么方法,得到了什么结果,这些结果有什么重要意义,是对论文内容不加注解和评论的概括性陈述,是全文的高度浓缩,一般是文章完成后,最后提炼出来的。摘要的长短一般几十字至三百字为宜。

④ 关键词(key words)

关键词是将论文中起关键作用的、最说明问题的、代表论文内容特征的或最有意义的词选出来,便于检索的需要。可选 3~8 个关键词。

⑤ 前言

前言,又称引言、导言、序言等,是科学论文主体部分的开端。前言一般包括以下几项内容。

a. 研究背景和目的:说明从事该项研究的理由,其目的与背景是密不可分的,便于读者去领会作者的思路,从而准确地领会文章的实质。

b. 研究范围:指研究所涉及的范围或所取得成果的适用范围。

相关领域里前人的工作和知识空白。实事求是地介绍前人已做过的工作或是前人并未涉足的问题,前人工作中有什么不足并简述其原因。

c. 研究方法:指研究采用的实验方法或实验途径。前言中只提及方法的名称即可,无须展开细述。

d. 预想的结果和意义:扼要提出本文将要解决什么问题及解决这些问题有什么重要意义。

前言贵在言简意明,条理清晰,不要与摘要雷同。比较短的论文只要一小段文字作简要说明,则不用“前言”两字。

⑥ 正文

这是论文的核心部分。这一部分的形式主要根据实验工作者意图和文章内容决定，不可能也不应该规定一个统一的形式，下面只介绍以实验为研究手段的论文或技术报告，内容应包括以下几部分：

a. 实验原材料及其制备方法。

b. 实验所用设备、装置和仪器等。

c. 实验方法和过程，说明实验所采用的是什么方法，实验过程是如何进行的，操作上应注意什么问题。要突出重点，只写关键性步骤。如果是采用前人或他人的方法，只写出方法的名称即可；如果是自己设计的新方法，则应写得详细些。实验研究工作过程需要详细说明，包括理论分析和实验过程，可根据论文内容分成若干个标题来叙述其演变过程或分析结论的过程，每个标题的中心内容也是本文的主要结果之一。或者说整个文章有一个中心论点，每个标题是它的分论点，它是从不同角度、不同层次支持、证明中心论点的一些观点，它们又可以看作是中心论点的论据。

d. 实验结果与分析讨论。这部分内容是论文的重点，是结论赖以产生的基础。需对数据处理的实验结果进一步加以整理，从中选出最能反映事物本质的数据或现象，并将其制成便于分析讨论的图或表。分析是指从理论（机理）上对实验所得的结果加以解释，阐明自己的新发现或新见解。写这部分时应注意以下几个问题：

(a) 选取数据时，必须严肃认真，实事求是。选取数据要从必要性和充分性两方面去考虑，决不可随意取舍，更不能伪造数据。对于异常的数据，不要轻易删掉，要反复验证，查明是因工作差错造成的，还是客观事实本来就如此。

(b) 对图和表要精心设计制作，图要能直观地表达变量间的相互关系；表要易于显示数据的变化规律及各参数的相关性。

(c) 分析问题时，必须以事实为基础，以理论为依据。

总之，在实验结果与分析讨论中既要包含所取得的结果，还要说明结果的可信度、再现性、误差，以及与理论或分析结果的比较、经验公式的建立、尚存在的问题等。

⑦ 结论

结论亦是结束语，是论文在理论分析和计算结果（实验结果）中分析和归纳出的观点，它是以实验结果与分析讨论（或实验验证）为前提，经过严密的逻辑推理做出的最后判断，是整个研究过程的结晶，是全篇论文的精髓。

据此可以看出研究成果的水平。

⑧ 致谢

致谢的作用主要是为了表示对所有合作者劳动的尊重。致谢对象包括除作者以外所有对研究(实验)工作和论文写作有贡献、有帮助的人,如:指导过论文的教师、专家;帮助搜集和整理过资料者;对研究(实验)工作和论文写作提过建议者等。

⑨ 参考文献

参考文献反映作者的科学态度和研究工作的依据,也反映作者对文献掌握的深度和广度,可提示读者查阅原始文献,同时也表示作者对他人成果的尊重。一般来说,前言部分所列的文献都应与主题有关;在方法部分,常需引用一定的文献与之比较;在讨论部分,要将自己的结果与同行的有关研究进行比较,这种比较都要以别人的原始出版物为基础。对引用的文献按其在论文中出现的顺序,用阿拉伯数字连续编码,并顺序排列。

被引用的文献为期刊论文的单篇文献时,著录格式为:"[序号]作者.题名[J].刊名,出版年,卷号(期号):引文所在的起止页码."。被引用的文献为图书、科技报告等整本文献时,著录格式为:"[序号]作者.书名[M].版本(第一版本不标注).出版地:出版者,出版年."

⑩ 附录

附录是在论文末尾作为正文主体的补充项目,并不是必需的。对于某些数量较大的重要原始数据、篇幅过大不便于作为正文的材料、对专业同行有参考价值的资料等可作为附录,放在论文的最后。

⑪ 外文摘要

对于正式发表的论文,一般都要求有外文摘要。通常是将中文标题(topic)、作者(author)、摘要(abstract)及关键词(key words)译为英文。排放位置因刊物而异。

用论文形式撰写"化工原理实验"的实验报告是一种综合素质和能力培养的重要手段,可极大地提高学生写作能力、综合应用知识能力和科研能力。可为学生今后撰写毕业论文和工作后撰写科学论文打下坚实的基础,应提倡这种形式的实验报告。但无论何种形式的实验报告,均应体现出它的学术性、科学性、理论性、规范性、创造性和探索性。论文和参考文献的格式,具体可参考国家标准 GB 7713—1987《科学技术报告、学位论文和学术论文的编写格式》和 GB 7714—2005《文后参考文献著录规则》。

1.5 学生实验守则

1. 严格遵守实验纪律,在实验室内保持严肃安静,遵守实验室的一切规章制度,听从指导教师安排。

2. 实验前要认真预习,写好预习报告,经指导教师提问通过后,方可准予参加实验。

3. 实验时要严格遵守仪器、设备、电路的操作规程,不得擅自变更,操作前须经指导教师检查同意后方可连通电路和开车,操作中仔细观察,如实记录现象和数据。仪器设备发生故障时严禁擅自处理,应立即报告指导教师。

4. 实验后根据原始记录处理数据、分析问题,及时做好实验报告。

5. 爱护仪器,注意安全,水、电、煤气、药品要节约使用。

6. 保持实验室整洁,废品、废物丢入垃圾箱内,废液统一回收处理。

7. 实验完毕将一组实验数据记录到签到表上,请指导教师审查。做好清洁工作,恢复设备和仪表的原始状态,关好门窗和检查水、电、气源是否关好,经指导教师允许后方可离开实验室。

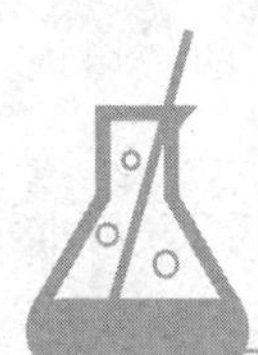

第二章 实验研究方法

化学工程类实验不同于化学基础类实验，化学基础实验一般采用理论的、严密的方法，研究的对象通常是简单的、基本的，甚至是理想的，而化学工程类实验面对的是复杂的工程问题，研究对象不同，实验研究方法必然不一样，化学工程类实验的难点在于变量多，涉及的物料千变万化，设备大小悬殊。化学工程学科是工程学科的一部分，有着工程学科普遍的特点，除了总结生产经验以外，实验研究是学科建设和发展的重要基础。多年来，化工原理在发展过程中形成的研究方法有直接实验法、量纲分析法和数学模型法三种。现将三种研究方法作如下简要介绍：

2.1 直接实验法

直接实验法是一种解决工程实际问题的最基本的方法，对特定的工程问题直接进行实验测定，所得到的结果也较为可靠，但它往往只能用到条件相同的场合，具有较大的局限性。例如，过滤某种物料，已知滤浆的浓度，在某一恒压条件下，直接进行过滤实验，测定过滤时间和所得滤液量，根据过滤时间和所得滤液量两者之间的关系，可以做出该物料在某一压力下的过滤曲线。如果滤浆浓度改变或过滤压力改变,所得到过滤曲线也都将不同。

对于一个多变量影响的工程问题,为研究过程的规律,往往采用网格法规划实验,即依次固定其他变量,改变某一变量测定目标值。比如,影响流体流动阻力的主要因素有:管径 d、管长 l、平均流速 u、流体密度 ρ、流体黏度 μ 及管壁粗糙度 ε,变量数为 6,如果每个变量改变条件次数为 10 次,则需要 10^6 次实验。不难看出变量数是出现在幂上,涉及变量越多,所需实验次数将会剧增,因此实验需要在一定的理论指导下进行,以减少工作量,并使得到的结果具有一定的普遍性。量纲分析法是化工原理广泛使用的一种研究方法。

2.2 量纲分析法

2.2.1 基本概念

1. 量纲

量纲是区别于物理量的标志,是物理量的表示符号,如以 L,T 和 M 分别表示长度、时间和质量,则 L,T 和 M 分别称为长度、时间和质量的量纲。

2. 基本量纲

基本物理量的量纲称为基本量纲,力学中习惯规定 L,T 和 M 为三个基本量纲。

3. 导出量纲

导出量纲顾名思义,是指导出物理量的量纲。导出量纲可根据物理定义或定律由基本量纲组合表示,例如:

速度 u,$u=l/t$,其导出量纲为 $[u]=\mathrm{L/T}=\mathrm{LT^{-1}M^0}$

加速度 a,其导出量纲为 $[a]=\mathrm{L/T^2}=\mathrm{LT^{-2}}$

力 F,$F=ma$,其导出量纲为 $[F]=\mathrm{ML/T^2}=\mathrm{MLT^{-2}}$

4. 量纲为 1 数群

由若干个物理量可以组合得到一个复合物理量,组合的结果是该复合物理量关于基本量纲的指数均为零,则称该复合物理量为一量纲为 1 数群。

如流体力学中的雷诺数

$$Re=\frac{du\rho}{\mu} \tag{2-1}$$

$$[Re]=\frac{[d][u][\rho]}{[\mu]}=\frac{(\mathrm{L})(\mathrm{LT^{-1}})(\mathrm{ML^{-3}})}{\mathrm{ML^{-1}T^{-1}}}=\mathrm{M^0L^0T^0}$$

2.2.2 量纲分析法的基础

1. 量纲一致性定理

对于任何一个完整的物理方程，不但方程两边的数值要相等，等式两边的量纲也必须一致。此即为物理方程的量纲一致性定理或称量纲一致性原则。物理方程的量纲一致性原则是量纲分析法的重要理论基础。

如物理学中的自由落体运动公式：

$$S=u_0t+\frac{1}{2}gt^2 \tag{2-2}$$

等式左边 S 表示自由落体的距离，其量纲为 L，等式右边的量纲为 $(\mathrm{LT^{-1}})(\mathrm{T})+(\mathrm{LT^{-2}})(\mathrm{T^2})=\mathrm{L}$，可见，等式两边的量纲是一致的。

此外，在化学工程中还广泛应用着一些经验公式，这些公式两边的量纲未必一致，在具体应用时应特别注意其中各物理量的单位和公式的应用范围。

2. π 定理

量纲为 1 数群的数目 N=物理量数 n-基本量纲数 m

如果在某一物理过程中共有 n 个变量 $x_1, x_2, x_3, \cdots, x_n$，则它们之间的关系原则上可用以下函数式表示：

$$f_1(x_1, x_2, \cdots, x_n)=0 \tag{2-3}$$

此即为 π 定理。π 定理可以从数学上得到证明。

在应用 π 定理时，基本变量的选择要遵循以下原则：

(1) 基本变量的数目要与基本量纲的数目相等。

(2) 每一基本量纲必须至少在此 n 个基本变量之一中出现。

(3) 此 n 个基本变量的任何组合均不能构成量纲为 1 的特征数。

3. 相似定律

(1) 相似的物理现象具有数值相等的相似特征数(即量纲为 1 的特征数)。

（2）任何物理现象的诸变量之间的关系均可表示成相似特征数之间的函数。

（3）当诸物理现象的等值条件相似，而且由单值条件所构成的决定性特征数的数值相等时，这些现象就相似。

需要说明的是，相似特征数有决定性和非决定性之分，决定性特征数由单值条件所组成，若特征数中含有待求的变量，则该特征数即为非决定性特征数。

特征数函数最终是何种形式，量纲分析法无法给出。基于大量的工程经验，最为简便的方法是采用幂函数的形式，例如，流体流动阻力的量纲为1的特征数关联式的形式为

$$Eu = CRe^{a}\left(\frac{l}{d}\right)^{b} \tag{2-4}$$

式中：$Eu=\dfrac{\Delta p}{\rho u^{2}}$——欧拉数；

$Re=\dfrac{du\rho}{\mu}$——雷诺数或流体运动特征数；

$\dfrac{l}{d}$——几何相似特征数。

式中常数 C 和指数 a，b 均为待定系数，须由实验数据拟合确定。

设有两种不同的流体在大小长短不同的两根圆管中作稳定流动，且知此两种流动现象彼此相似。若令 A 和 B 分别表示这两种现象，则按相似第一定律，有

$$\left(\frac{du\rho}{\mu}\right)_{A}=\left(\frac{du\rho}{\mu}\right)_{B}$$

$$\left(\frac{l}{d}\right)_{A}=\left(\frac{l}{d}\right)_{B}$$

$$\left(\frac{\Delta p}{\rho u^{2}}\right)_{A}=\left(\frac{\Delta p}{\rho u^{2}}\right)_{B}$$

反之，对于流动现象 A 和 B，可分别以特征数函数式表示：

$$Eu_{A}=f_{A}\left[Re_{A},\left(\frac{l}{d}\right)_{A}\right]$$

$$Eu_{B}=f_{B}\left[Re_{B},\left(\frac{l}{d}\right)_{B}\right]$$

若 $Re_A = Re_B$ 和 $\left(\frac{l}{d}\right)_A = \left(\frac{l}{d}\right)_B$，依相似第三定律，则 A 和 B 必为相似现象，且有

$$f_A = f_B$$

相似定律在没有化学变化的化工工艺过程和装置的放大设计中有重要的作用，是工业装置经验放大设计的重要依据。

2.2.3　量纲分析法规划实验的步骤

利用量纲分析法建立变量的量纲为 1 数群函数关系的一般步骤如下所述。

（1）变量分析。通过对过程的分析，从三个方面找到对物理过程有影响的所有变量，即物性变量、设备特征变量、操作变量，加上一个因变量，设共有 n 个变量 $x_1, x_2, \cdots, x_n$。写出一般函数关系式：

$$F_1(x_1, x_2, \cdots, x_n) = 0 \tag{2-5}$$

（2）指出 m 个基本量纲，对于流体力学问题，习惯上指定 M，L，T 为基本量纲，即

$$m = 3$$

（3）根据基本量纲写出所有各基本物理量和导出物理量的量纲。

（4）在 n 个变量中选定 m 个基本变量。

（5）根据 π 定理，列写出 $(n-m)$ 个量纲为 1 数群：

$$\pi_i = x_i x_A^a x_B^b x_C^c \left[i = 1, 2, \cdots, (n-m), i \neq A \neq B \neq C \right]$$

其中，x_A, x_B, x_C 为选定的 $m = 3$ 个基本变量，x_i 为除去 x_A, x_B, x_C 之外所余下的 $(n-m)$ 个变量中之任何一个，a, b, c 为待定指数。

（6）将各变量的量纲代入量纲为 1 数群表达式，依照量纲一致性原则，可以列出各量纲为 1 数群的关于各基本量纲指数的线性方程组，求解这 $(n-m)$ 个线性方程组，可求得各量纲为 1 数群中的待定系数 a, b, c，从而得到各量纲为 1 数群的具体表达式。

（7）将原来几个变量间的关系式 $f_1(x_1, x_2, \cdots, x_n) = 0$ 改写成 $(n-m)$ 个量纲为 1 数群之间的函数关系表达式：

$$F_2(\pi_1, \pi_2, \pi_3, \cdots, \pi_{n-m}) = 0 \tag{2-6}$$

以函数 F_2 中的量纲为 1 数群作为新的变量组织实验，通过对实验数据

的拟合求得函数 F_2 的具体形式。

由此可以看出，利用量纲分析法可将几个变量之间的关系转变为 $(n-m)$ 个新的复合变量（即量纲为 1 数群）之间的关系。这在通过实验处理工程实际问题时，不但可使实验变量的数目减少，使实验工作量大幅度降低，而且还可通过变量之间关系的改变使原来难以进行或根本无法进行的实验得以容易实现。因此，把通过量纲分析理论指导组织实施实验的研究方法称为量纲分析法。

下面通过实例介绍用量纲分析法解决工程实际问题。

［例 2-1］ 有一空气管路直径为 300 mm，管路内安装一孔径为 150 mm 的孔板，管内空气的温度为 200 ℃，压力为常压，最大气速 10 m/s，试估计空气通过孔板的阻力损失为多少？

解：(1) 变量分析

根据有关流体力学的基础理论知识，按物性变量、设备特征尺寸变量和操作变量三大类找出影响孔板阻力 h_f 的所有变量。

物性变量：流体密度 ρ、黏度 μ；

设备特征尺寸：管径 d、孔板孔径 d_0；

操作变量：流体流速 u。

应注意的是，流体的温度亦是一操作变量，但温度的影响已隐含在流体的物性中（ρ，μ 均为温度的函数），因而不再将温度视为独立变量，故在变量分析时不再计入。

因此，
$$h_f=f(\rho,\mu,d,d_0,u)$$
或
$$f'(h_f,\rho,\mu,d,d_0,u)=0$$

(2) 指定 m 个基本量纲

基本量纲为 M，L，T，故 $m=3$。

(3) 根据基本量纲写出各变量的量纲

h_f	ρ	μ	d	d_0	u
L^2T^{-2}	ML^{-3}	$ML^{-1}T^{-1}$	L	L	LT^{-1}

(4) 在 n 个变量中选定 m 个基本变量

总变量数 $n=6$，$m=3$，可选 ρ，d，u 为基本变量，该变量组合符合 π 定理中的规定。

(5) 根据 π 定理，列出 $n-m=6-3=3$ 个量纲为 1 数群，即

$$\pi_1=h_f\rho^{a_1}d^{b_1}u^{c_1}$$

$$\pi_2=d_0\rho^{a_2}d^{b_2}u^{c_2}$$

$$\pi_3=u\rho^{a_3}d^{b_3}u^{c_3}$$

(6) 将各变量量纲代入量纲为 1 数群表达式,并按量纲一致性原则,列出各量纲为 1 数群关于基本量纲指数的线性方程,并解之

对 π_1,有

$$[\pi_1]=M^0L^0T^0=(L^2T^{-2})(ML^{-3})^{a_1}(L)^{b_1}(LT^{-1})^{c_1}$$

可得

$$M:\quad 0=a_1$$

$$L:\quad 0=2-3a_1+b_1+c_1$$

$$T:\quad 0=-2-c_1$$

解上述线性方程组得

$$\begin{cases}a_1=0\\ b_1=0\\ c_1=-2\end{cases}$$

将 a_1,b_1,c_1 代入 π_1 表达式得

$$\pi_1=h_f u^{-2}=\frac{h_f}{u^2}$$

π_2,π_3 同理,得

$$\pi_2=d_0 d^{-1}=\frac{d_0}{d}$$

$$\pi_3=\frac{du\rho}{\mu}=Re$$

(7) 根据上述结果,可将原变量间的函数关系 $f'(h_f,\rho,\mu,d,d_0,u)=0$ 简化为

$$F(\pi_1,\pi_2,\pi_3)=F\left(\frac{h_f}{u^2},\frac{d_0}{d},\frac{du\rho}{\mu}\right)$$

又可表示为

$$\frac{h_f}{u^2}=F\left(\frac{d_0}{d},\frac{du\rho}{\mu}\right)$$

按此式组织模拟实验。注意到在上述量纲分析过程中并没有注明流体是气体还是水。因此,不论是气体管路还是水管,只要 d_0/d 和 Re 相等,根据相似定律,方程左边 h_f/u^2 必相等。

模拟实验管路的孔板直径 d_0 应与实际气体管路孔板保持几何相似

$$\frac{d_0'}{d'}=\frac{d_0}{d}$$

$$d_0'=\frac{d_0}{d}d'=\left(\frac{150}{300}\times 30\right)\text{ mm}=15\text{ mm}$$

按相似定律,水的流速大小应保持实验管路中的 Re 与实际管路相等,即流体流动形态相似。

$$\frac{d'u'\rho'}{\mu'}=\frac{du\rho}{\mu}$$

$$u'=\frac{du\rho}{\mu}\cdot\frac{u'}{d'\rho'}$$

空气的物性:

$$\rho=\left(\frac{29}{22.4}\times\frac{273}{273+200}\right)\ \mathrm{kg/m^3}=0.747\ \mathrm{kg/m^3}$$

$$\mu=2.6\times10^{-5}\ \mathrm{Pa\cdot s}$$

200 ℃水的物性:

$$\rho'=1\ 000\ \mathrm{kg/m^3}$$

$$\mu'=1\times10^{-3}\ \mathrm{Pa\cdot s}$$

代入上式相似式后,得水的流速为

$$u'=\left(\frac{0.3\times10\times0.747}{2.6\times10^{-5}}\times\frac{1\times10^{-3}}{0.03\times1\ 000}\right)\ \mathrm{m/s}=2.87\ \mathrm{m/s}$$

模拟孔板的阻力损失为

$$h_f'=\frac{\Delta p'}{\rho'}=\left(\frac{13\ 600\times9.81\times0.02}{1\ 000}\right)\ \mathrm{J/kg}=2.67\ \mathrm{J/kg}$$

实际孔板的阻力损失应与模拟孔板有如下关系:

$$\frac{h_f}{u^2}=\frac{h_f'}{u'^2}$$

所以

$$h_f=\frac{h_f'}{u'^2}u^2=\left(\frac{2.67}{2.87^2}\times10^2\right)\ \mathrm{J/kg}=32.4\ \mathrm{J/kg}$$

从这个例子可以看出,用量纲分析法处理工程问题,不需要对过程机理有深刻全面的了解。在该例中,原来 h_f 与 5 个变量之间的复杂关系,通过量纲分析法,被简化为 h_f/u^2 与两个量纲为 1 组合变量之间的函数关系,使得实验工作量大为减少,简化了实验。由于在模拟实验中保持了 d_0/d 和 $du\rho/\mu$ 与实际管路相等,因此可用常温下的水代替 200 ℃的高温空气,用 30 mm 的水管代替 300 mm 的空气管道来进行实验。实验结果解决了工业实际问题。

综上所述,量纲分析法实验的优点与局限性总结如下。

优点:(1) 实验工作量大大减少;

(2) 实验难度下降,可不需要真实物料,可用模型设备代替实际设备,由此及彼,由小见大。

局限性:(1) 若变量数多,工作量仍很大(例如,$10^9 \rightarrow 10^6$);

(2) 建立量纲为 1 的数群有一定任意性。

2.3　数学模型法

2.3.1　数学模型法主要步骤

数学模型法是在对研究的问题有充分认识的基础上,按以下主要步骤进行工作:

(1) 将复杂问题作合理又不过于失真的简化,提出一个近似实际过程又易于用数学方程式描述的物理模型;

(2) 对所得的物理模型进行数学描述,即建立数学模型,然后确定该方程的初始条件和边界条件,求解方程;

(3) 通过实验对数学模型的合理性进行检验并测定模型参数。

2.3.2　数学模型法举例说明

以求取流体通过固定床的压降为例。固定床中颗粒间的空隙形成许多可供流体通过的细小通道,这些通道是曲折且相互交联的,同时,这些通道的截面大小和形状又是很不规则的,流体通过如此复杂的通道时的压降自然很难进行理论计算,但可以用数学模型法来解决。

1. 物理模型

流体通过颗粒层的流动多呈爬流状态,单位体积床层所具有的表面积对流动阻力有决定性的作用。这样,为解决压降问题,可在保证单位体积床层表面积相等的前提下,将颗粒层内的实际流动过程作如下大幅度的简化,使之可以用数学方程式加以描述。

将床层中的不规则通道简化成长度为 L_e 的一组平行细管,并规定:

(1) 细管的内表面积等于床层颗粒的全部表面积;

(2) 细管的全部流动空间等于颗粒床层的空隙容积。

根据上述假定,可求得这些虚拟细管的当量直径 d_e

$$d_e=\frac{4\times通道的截面积}{湿润周边} \tag{2-7a}$$

分子、分母同乘以 L_e,则有

$$d_e=\frac{4\times床层的流动空间}{细管的全部内表面积} \tag{2-7b}$$

以 1 m^3床层体积为基准,则床层的流动空间为 ε,每立方米床层的颗粒表面积即为床层的比表面积 α_B,因此,

$$d_e=\frac{4\varepsilon}{\alpha_B}=\frac{4\varepsilon}{\alpha(1-\varepsilon)} \tag{2-7c}$$

按此简化的物理模型,流体通过固定床的压降即可等同于流体通过一组当量直径为 d_e,长度为 L_e的细管的压降。

2. 数学模型

上述简化的物理模型,已将流体通过具有复杂的几何边界的床层的压降简化为通过均匀圆管的压降。对此,可用现有的理论作如下数学描述:

$$h_f=\frac{\Delta p}{\rho}=\lambda\frac{L_e}{d_e}\frac{u_1^2}{2} \tag{2-8}$$

式中,u_1为流体在细管内的流速。u_1可取为实际固定床中颗粒空隙间的流体流速,它与空床流速(表观流速)u 的关系为

$$u=\varepsilon u_1 \tag{2-9}$$

将式(2-7c)、式(2-9)代入式(2-8)得

$$\frac{\Delta p}{L}=\lambda\frac{(1-\varepsilon)\alpha}{\varepsilon^3}\rho u^2 \tag{2-10}$$

细管长度 L_e与实际床层高度 L 不等,但可以认为 L_e与实际床层高度 L 成正比,即 L_e/L=常数,并将其代入摩擦系数中,于是

$$\frac{\Delta p}{L}=\lambda'\frac{(1-\varepsilon)\alpha}{\varepsilon^3}\rho u^2 \tag{2-11}$$

式中
$$\lambda'=\frac{\lambda}{8}\frac{L_e}{L}$$

式(2-11)即为流体通过固定床压降的数学模型,其中包括一个未知的待定系数 λ'。λ'称为模型参数,就其物理意义而言,也可称为固定床的流动摩擦

系数。

对于数学模型法,决定成败的关键是对复杂过程的合理简化,即能否得到一个足够简单,既可用数学方程式表示而又不失真的物理模型。只有充分地认识了过程的特殊性并根据特定的研究目的加以利用,才有可能对真实的复杂过程进行大幅度的合理简化,同时在指定的某一侧面保持等效。上述例子进行简化时,只在压降方面与实际过程这一侧面保持等效。

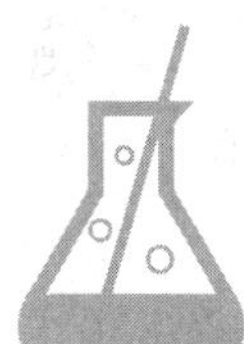

第三章 实验数据误差分析及处理

通过实验测量所得大批数据是实验的主要成果,但在实验中,由于实验设备、方法的不完善,周围环境的影响,以及测量仪表和人的观察等方面的原因,实验测量值和真实值之间总是存在一定的差异。误差是直接或者间接的实验测量值与客观存在的真实值之差。在整理实验数据时,首先应对实验数据的可靠性进行客观的评定。

误差分析的目的是评定实验数据的准确性,通过误差分析,认清误差的来源及其影响,并设法消除或减少误差,提高实验的准确性。对实验误差进行分析和估算,在评判实验结果和设计方案方面具有重要的意义。本章就化工原理实验中遇到的一些误差基本概念与估算方法及其数据处理作一扼要介绍。

3.1 实验数据的测量值及其误差

3.1.1 真值与平均值

测量是人类认识事物本质的一种手段。通过测量和实验能使人们对事物获得定量的概念和发现事物的规律。科学上很多新的发现和突破都是以实验测量为基础的。测量就是用实验的方法,将被测量物理量与所选用作为标准的同类量进行比较,从而确定它的大小。

1. 真值

真值是某待测物理量客观存在的确定值,也是理论值和定义值。通常真值是无法测得的,是一个理想值。科学实验中真值是指:设在测量中观察的次数为无限多,根据误差分布定律知正负误差的出现概率相等,故将各观察值相加求得平均,在无系统误差情况下,可能获得接近真值的数值。

2. 平均值

然而在工程实验中,观察的次数都是有限的,故用有限观察次数求出平均值,只能是近似值,或成为最佳值。一般称这一最佳值为平均值。

常用的平均值有算术平均值、均方根平均值、几何平均值、加权平均值和对数平均值。

(1) 算术平均值

算术平均值是一种最常用的平均值。凡测量的分布为正态分布时,用最小二乘法原理可以证明,在一组等精密度测量中,算术平均值为最佳值或最可信赖值。

设各次测量值为 $x_1,x_2,x_3,\cdots,x_n$,n 表示测量次数,则算术平均值为

$$\bar{x}=\frac{x_1+x_2+\cdots+x_n}{n}=\frac{\sum_{i=1}^{n}x_i}{n} \tag{3-1}$$

(2) 均方根平均值

均方根平均值常用于计算气体分子的平均动能,定义式为

$$\bar{x}_{均}=\sqrt{\frac{x_1^2+x_2^2+\cdots+x_n^2}{n}}=\sqrt{\frac{\sum_{i=1}^{n}x_i^2}{n}} \tag{3-2}$$

(3) 几何平均值

几何平均值是将 n 个测量值连乘并开 n 次方求得的平均值。当测量值的分布不服从正态分布时,常用几何平均值。几何平均值的对数等于这些测量值的对数的算术平均值。几何平均值常小于算术平均值。

$$\bar{x}_n=\sqrt[n]{x_1x_2\cdots x_n} \tag{3-3}$$

以对数表示:

$$\lg \bar{x}_n = \frac{1}{n}\sum_{i=1}^{n} \lg x_i \tag{3-4}$$

(4) 加权平均值

设对同一物理量用不同方法测定,或对同一物理量由不同人去测定,计算平均值时,常对比较可靠的数值予以加重平均,称为加权平均。

$$\bar{w} = \frac{w_1x_1+w_2x_2+\cdots+w_nx_n}{w_1+w_2+\cdots+w_n} = \frac{\sum\limits_{i=1}^{n} w_ix_i}{\sum\limits_{i=1}^{n} w_i} \tag{3-5}$$

式中:$x_1,x_2,x_3,\cdots,x_n$——各测量值;

$w_1,w_2,w_3,\cdots,w_n$——各测量值的对应权重,一般凭经验确定。

(5) 对数平均值

对数平均值的计算方法见下式:

$$\bar{x} = \frac{x_1-x_2}{\ln x_1-\ln x_2} = \frac{x_1-x_2}{\ln \dfrac{x_1}{x_2}} \tag{3-6}$$

以上介绍的各种平均值,目的是要从一组测量值中找出最接近真值的那个值。平均值的选择主要决定于一组测量值的分布类型,在化工原理实验研究中,数据分布较多属于正态分布,故通常采用算术平均值。

3.1.2 误差的相关概念与分类

首先介绍误差的几个含义:

(1) 误差永远不等于零。不管人们主观愿望如何,也不管人们在测量过程中怎样精心细致地控制,误差还是要产生的,误差的存在是客观绝对的。

(2) 误差具有随机性。在相同的实验条件下,对同一个研究对象反复进行多次的实验、测试或观察,所得到的总不是一个确定的结果,即实验结果具有不确定性。

(3) 误差是未知的,通常情况下,由于真值是未知的,研究误差时,一般都从偏差入手。人们常用绝对误差、相对误差或有效数字来说明一个近似值的准确程度。

在任何一种测量中,无论所用仪器多么精密,方法多么完善,实验者多么细心,不同时间所测得的结果都不一定完全相同,而是有一定的误差和偏差。偏差是指实验测量值与平均值之差,但习惯上通常将两者混淆而不进行区分。

根据误差的性质及其产生原因,可将误差分为系统误差、偶然误差、过失误差三种。

1. 系统误差(恒定误差)

系统误差是指在一定的条件下,由某些固定不变的因素引起的,对同一量进行多次测量,其误差数值的大小和正负保持恒定,或随条件改变按一定规律变化,有的系统误差随测量时间呈线性、非线性或周期性变化,有的不随测量时间变化。

系统误差产生的原因有:测量仪器刻度不准,安装不正确,砝码未经校正等;试剂不纯,质量不符合要求;温度、压力、湿度等周围环境的改变;实验人员的习惯偏向,如读数偏高或偏低,判定滴定终点的颜色程度各人不同等引起的误差;测量方法选用不当,如近似的测量方法或近似的计算公式等因素所引起的误差。系统误差越小,准确度越高;系统误差越大,准确度越低。

由于系统误差是测量误差的重要组成部分,消除和估计系统误差对于提高测量准确度是十分重要的。一般系统误差是有规律的,其产生的原因也往往是可知或能掌握的,因此应尽力消除。至于不能消除的系统误差,应设法确定或估计出来。

2. 偶然误差(随机误差)

偶然误差是一种随机变量,是由某些不易控制的因素造成的,在相同条件下做多次测量,其误差大小,正负方向不一定,其产生原因一般不详,因而也就无法控制。它的产生取决于测量中系列随机性因素的影响,但在一定条件下服从统计规律。为了使测量结果仅反映偶然误差的影响,测量过程中应尽可能保持各影响量及测量仪器、方法、人员不变,即保持“等精度测量”的条件。偶然误差表现了测量结果的分散性。在误差理论中,常用精密度一词来表征偶然误差的大小。偶然误差越大,精密度越低;偶然误差越小,精密度越高。

在测量中,如果已经消除引起系统误差的一切因素,而所测数据仍在末一位或末二位数字上有差别,则为偶然误差。偶然误差的存在,主要是只注意认识影响较大的一些因素,而往往忽略其他一些微小的影响因素,不是尚未发现,就是无法控制,而这些影响正是造成偶然误差的原因。

3. 过失误差(粗大误差)

过失误差是一种显然与事实不符的误差,是测量过程中明显歪曲测量结果的误差。主要由实验人员粗心大意或操作不当引起的,如测错(测量时对错误点标记等)、读错、记错等都会带来过失误差。含有过失误差的测量值称为坏值,正确的实验结果不应包含过失误差,即所有的坏值都要被剔除。

综上所述,可以认为系统误差和过失误差总是可以设法避免的,而偶然误差是不可避免的,因此最好的实验结果应该只有偶然误差。

3.1.3　误差的表示方法

利用任何仪器或量具进行测量时,总存在误差,测量结果不可能准确地等于被测量的真值,而只是它的近似值。测量的质量高低以测量准确度为指标,根据测量误差的大小来估计测量的准确度。测量结果的误差越小,则认为测量就越准确。测量误差分为测量点和测量列(集合)的误差,它们有不同的表示方法。

1. 绝对误差 d

一个物理量经测定后,测量结果 x 与该物理量真值 μ 之间的差异,称为绝对误差,简称误差。即

$$d=x-\mu \tag{3-7}$$

式中:x——测量集合中某测量值;

μ——真值,常用多次测量的平均值代替。

工程上真值可用算术平均值或相对真值(精确测量值)代替,这时绝对误差可用下式计算:

绝对误差=测量值-算术平均值

绝对误差=测量值-精确测量值

绝对误差虽然重要,但是仅用它还不足以说明测量的准确度。换言之,还不能给出测量准确与否的完整概念。此外,有时测量得到相同的绝对误差可能导致准确度完全不同的结果。显而易见,为了判断测量的准确度,必须将绝对误差与所测真值相比较,即求出其相对误差,才能说明问题。

2. 相对误差 E_r

相对误差是为了衡量不同测量值的精确程度,其定义为绝对误差 d 与

真值 x 的绝对值之比。即

$$E_r = \frac{d}{|x|} \tag{3-8}$$

相对误差常用百分数或千分数表示。因此不同物理量的相对误差可以互相比较，相对误差与被测量值的大小及绝对误差的数值都有关系。一般来说，除了某些理论分析外，用相对误差判断测量的准确度较为适宜。

3. 引用误差

为了计算和划分仪器准确度等级方便，规定一律取该仪表量程中的最大刻度值（满刻度值）作分母，来表示相对误差，称为引用误差：

$$\text{引用误差} = \frac{\text{示值绝对误差}}{\text{满刻度值}} \times 100\% \tag{3-9}$$

式中，示值绝对误差为仪表某指示值与其真值（或相对真值）之差。

测量仪表精度等级又称最大引用误差，是国家统一规定的，按引用误差的大小分成几个等级。把引用误差的百分号去掉，剩下的数值就称为仪表的精度等级。

例如，某台压力计最大引用误差为 1.5%，则它的精度等级就是 1.5 级，用 1.5 表示，通常简称为 1.5 级仪表。电工仪表的精度等级有 0.1，0.2，0.5，1.0，1.5，2.5 和 5.0 七级。

4. 算术平均误差

算术平均误差是各个测量值误差的算术平均值。即

$$\delta_{\text{平}} = \frac{1}{n} \sum |d_i| \quad (i = 1, 2, \cdots, n) \tag{3-10}$$

式中：n——测量次数；

d_i——第 i 次测量误差。

5. 标准误差

标准误差又称为均方根误差，其定义为

$$\sigma = \sqrt{\frac{1}{n} \sum d_i^2} \tag{3-11}$$

式(3-11)适用于无限测量的场合。实际测量工作中，测量次数是有限的，一般可用下式计算：

$$\sigma = \sqrt{\frac{1}{n-1} \sum d_i^2} \tag{3-12}$$

标准误差不是一个具体的误差,其大小只能说明在一定条件下等精度测量,得到的每一个测量值对其算术平均值的分散程度,如果标准误差值越小则说明每一次测量值对其算术平均值分散度越小,测量的准确度就越高;反之准确度就越低。

在化工原理实验中最常用的 U 形管压差计、转子流量计、量筒、秒表、电压表等仪表原则上均取其最小刻度为最大误差,而取其最小刻度的一半为绝对误差计算值。

3.1.4 测量仪表的精度

测量仪表的精度等级是用最大引用误差(又称允许误差)来标明的。它等于仪表示值中的最大示值绝对误差与仪表的量程范围之比的百分数。

$$\delta_{max}=\frac{\text{最大示值绝对误差}}{\text{量程范围}}\times 100\%=\frac{d_{max}}{X_n}\times 100\% \tag{3-13}$$

式中:δ_{max}——仪表的最大引用误差;

d_{max}——仪表示值的最大绝对误差。

通常情况下用标准仪表校验低级的仪表。所以,最大示值的绝对误差就是被校表与标准表之间的最大绝对误差。

测量仪表的精度等级是国家统一规定的,把引用误差的百分号去掉,剩下的数字就是仪表的精度等级。仪表的精度等级通常以圆圈内的数字标明在仪表盘上。如某台压力计的引用误差为 1.5%,则这台压力计称为 1.5 级仪表。

仪表的精度等级为 a,它表明仪表在工作条件下,其最大引用误差 δ_{max} 不能超过界限,即

$$\delta_{max}=\frac{d_{max}}{X_n}\times 100\% \leqslant a\% \tag{3-14}$$

由式(3-14)可知,在应用仪表进行测量时所能产生的最大示值绝对误差为

$$d_{max}\leqslant X_n a\% \tag{3-15}$$

而仪表测量最大引用误差为

$$\delta_{max}=\frac{d_{max}}{X_n}\leqslant a\%\frac{X_{n上}}{x} \tag{3-16}$$

由式(3-16)可以看出,用指示仪表测量某一被测值所能产生的最大示值绝对误差,不会超过仪表允许误差的 $a\%$ 乘以仪表测量上限 $X_{n上}$ 与测量值 x 的比。在实际测量中为可靠起见,可用式(3-17)对仪表最大引用误差进行估计,即

$$\delta_{\max}=a\%\frac{X_{n上}}{x} \tag{3-17}$$

[例 3-1] 用测量上限为 5 A,精度为 0.5 级的电流表分别测量两个电流,$I_1=5$ A,$I_2=2.5$ A,试测量 I_1 和 I_2 的最大引用误差为多少?

解:

$$\delta_{\max 1}=a\%\frac{I_{n上}}{I_1}=0.5\%\times\frac{5}{5}=0.5\%$$

$$\delta_{\max 2}=a\%\frac{I_{n上}}{I_2}=0.5\%\times\frac{5}{2.5}=1.0\%$$

由此可见,当仪表的精度等级选定时,所选仪表测量上限越接近被测值,则测量的误差绝对值越小。

3.1.5 准确度(精确度)、精密度和正确度

测量的质量和水平,可用误差的概念来描述,也可用准确度等概念来描述。国内外文献所用的名词术语颇不统一,准确度、精密度、正确度这几个术语的使用一向比较混乱。近年来趋于一致的意见是:

准确度,又称精确度,指测量结果与真值偏离的程度。反映系统误差和偶然误差综合大小的影响程度。

精密度,指测量结果与真值偏离的程度。反映系统误差和偶然误差综合大小的影响程度。

正确度,指在规定条件下,测量中所有系统误差的综合,反映系统误差大小的影响程度。

对于实验来说,精密度高的正确度不一定高,同样,正确度高的精密度也不一定高。但准确度高,则精密度和正确度都高。

为了说明它们之间的区别,常常用打靶来作比喻,如图 3-1 所示。

A 的系统误差与偶然误差都小,即准确度高;B 的系统误差大,而偶然误差小,即正确度低而精密度高;C 的系统误差小(与 B 相比),而偶然误差大,即正确度高而精密度低;D 的系统误差及偶然误差均大,准确度最差。

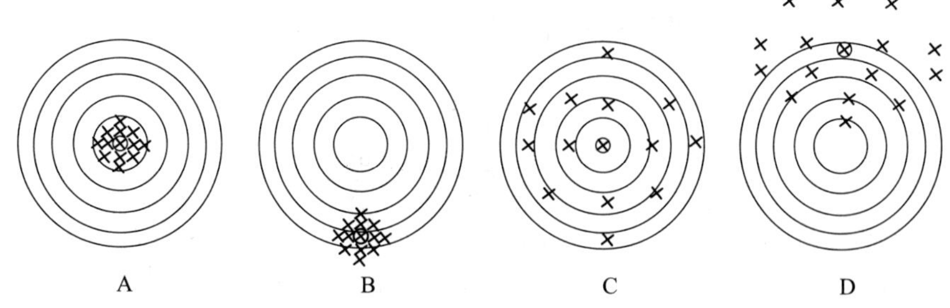

图 3-1 准确度、精密度和正确度的图例

3.1.6 有限测量次数标准误差的计算

在测量值中已消除系统误差的情况下,测量次数无限增多,所得的平均值为真值。当测量次数有限时,所得的平均值为最佳值,它不等于真值。因此测量值与真值之差(称误差)和测量值与平均值之差(称残差)不等。在实际工作中,测量次数总是有限的。所以有必要找出用残差来表示的误差公式。

用残差表示的标准误差 σ 为

$$\hat{\sigma}=\sqrt{\frac{\sum_{i=1}^{N}V_i^2}{n-1}} \tag{3-18}$$

式中:V_i——测量值 x_i 和平均值 $\bar{x}$ 的差,即 $V_i=x_i-\bar{x}$;

n——测量次数。

这里将有限测量次数的标准误差用 $\hat{\sigma}$ 表示,以区别 $n\to\infty$ 时的标准误差 σ,不过在使用时,一般不加以区别,均写为 σ。

3.1.7 可疑测量值的舍弃

由概率积分可知,偶然误差正态分布曲线下的全部积分,相当于全部误差同时出现的概率,即

$$p=\frac{1}{\sqrt{2\pi\sigma}}\int_{-\infty}^{\infty}e^{-\frac{d^2}{2\sigma^2}}\mathrm{d}d=1 \tag{3-19}$$

若误差 d 以标准误差 σ 的倍数表示，即 $d=t\sigma$，则在 $\pm t\sigma$ 范围内出现的概率为 $\Phi(t)$，超出这个范围的概率为 $[1-2\Phi(t)]$。$\Phi(t)$ 称为概率函数，表示为

$$\Phi(t)=\frac{1}{\sqrt{2\pi}}\int_0^t \mathrm{e}^{-\frac{t^2}{2^2}}\mathrm{d}t \tag{3-20}$$

$2\Phi(t)$ 与 t 的对应值在数学手册或专著中均有此类积分表，读者需要时可自行查阅使用。在使用积分表时，需已知 t 值。表 3-1 给出了几种误差概率及其出现次数。

表 3-1 误差概率和出现次数

t	$\|d\|=t\sigma$	不超出 $\|d\|$ 的概率 $[2\Phi(t)]$	超出 $\|d\|$ 的概率 $[1-2\Phi(t)]$	测量次数	超出 $\|d\|$ 的测量次数
0.67	0.67σ	0.497 41	0.502 86	2	1
1	1σ	0.682 69	0.317 31	3	1
2	2σ	0.954 50	0.045 50	22	1
3	3σ	0.997 30	0.002 70	370	1
4	4σ	0.999 91	0.000 09	11 111	1

由表 3-1 可知，当 $t=3$，$|d|=3\sigma$ 时，在 370 次观测中只有一次测量误差超出 3σ 范围。在有限次的观测中，一般测量次数不超过 10 次，可以认为误差大于 3σ，可能是由于过失误差或实验条件改变未被发觉等原因引起的。因次，凡是误差大于 3σ 的数据点应予以舍弃。这种判断可疑实验数据的原则称为 3σ 准则。

3.1.8 间接测量中的误差传递

在许多实验和研究中，所得到的结果有时不是用仪器直接测量得到的，而是要把实验现场直接测量值代入一定的理论关系式中，通过计算才能求得所需要的结果，即间接测量值。由于直接测量值总有一定的误差，因此它们必然引起间接测量值也有一定的误差，也就是说，直接测量误差不可避免地传递到间接测量值中去，而产生间接测量误差。

误差的传递公式：从数学中知道，当间接测量值(y)与直接测量值(x_1, x_2, $\cdots$, x_n)有函数关系时，即

$$y=f(x_1,x_2,\cdots,x_n)$$

则其微分式为

$$d_y=\frac{\partial y}{\partial x_1}d_{x_1}+\frac{\partial y}{\partial x_2}d_{x_2}+\cdots+\frac{\partial y}{\partial x_n}d_{x_n} \tag{3-21}$$

$$\frac{d_y}{y}=\frac{1}{f(x_1,x_2,\cdots,x_n)}\left(\frac{\partial y}{\partial x_1}d_{x_1}+\frac{\partial y}{\partial x_2}d_{x_2}+\cdots+\frac{\partial y}{\partial x_n}d_{x_n}\right) \tag{3-22}$$

根据式(3-21)和式(3-22)，当直接测量值的误差(d_{x_1}, d_{x_2}, $\cdots$, d_{x_n})很小，并且考虑到最不利的情况，应是误差累积和取绝对值，则可求间接测量值的误差 d_y 或 d_y/y 为

$$d_y=\left|\frac{\partial y}{\partial x_1}\right|\cdot|d_{x_1}|+\left|\frac{\partial y}{\partial x_2}\right|\cdot|d_{x_2}|+\cdots+\left|\frac{\partial y}{\partial x_n}\right|\cdot|d_{x_n}| \tag{3-23}$$

$$Er(y)=\frac{d_y}{y}=\frac{1}{f(x_1,x_2,\cdots,x_n)}\left(\left|\frac{\partial y}{\partial x_1}\right|\cdot|d_{x_1}|+\left|\frac{\partial y}{\partial x_2}\right|\cdot|d_{x_2}|+\cdots+\left|\frac{\partial y}{\partial x_n}\right|\cdot|d_{x_n}|\right) \tag{3-24}$$

式(3-23)和式(3-24)就是由直接测量误差计算间接测量误差的误差传递公式。对于标准误差的传递则有

$$\sigma_y=\sqrt{\left(\frac{\partial y}{\partial x_1}\right)^2\sigma_{x_1}^2+\left(\frac{\partial y}{\partial x_2}\right)^2\sigma_{x_2}^2+\cdots+\left(\frac{\partial y}{\partial x_n}\right)^2\sigma_{x_n}^2} \tag{3-25}$$

式中：σ_{x_1}, σ_{x_2}, $\cdots$, σ_{x_n}——直接测量的标准误差；

σ_y——间接测量值的标准误差。

式(3-25)在有关资料中称为“几何合成”或“基线相对误差”。现将计算函数式的误差关系式列于表 3-2。

表 3-2 函数式的误差关系式

函数式	误差传递公式	
	最大绝对误差 d_y	最大相对误差 $E_r(y)$
$y=x_1+x_2+\cdots+x_n$	$d_y=\pm(\lvert d_{x_1}\rvert+\lvert d_{x_2}\rvert+\cdots+\lvert d_{x_n}\rvert)$	$E_r(y)=\frac{d_y}{y}$
$y=x_1+x_2$	$d_y=\pm(\lvert d_{x_1}\rvert+\lvert d_{x_2}\rvert)$	$E_r(y)=\frac{d_y}{y}$

续表

函数式	误差传递公式	
	最大绝对误差 d_y	最大相对误差 $E_r(y)$
$y=x_1 \cdot x_2$	$d_y=\pm(\lvert x_1 \cdot d_{x_2}\rvert+\lvert x_2 \cdot d_{x_1}\rvert)$ 或 $d_y=y \cdot E_r(y)$	$E_r(y)=E_r(x_1 \cdot x_2)$ $=\pm\left(\left\lvert\dfrac{d_{x_1}}{x_1}\right\rvert+\left\lvert\dfrac{d_{x_2}}{x_2}\right\rvert\right)$
$y=x_1 \cdot x_2 \cdot x_3$	$d_y=\pm(\lvert x_1 \cdot x_2 \cdot d_{x_3}\rvert$ $+\lvert x_1 \cdot x_3 \cdot d_{x_2}\rvert+\lvert x_2 \cdot x_3 \cdot d_{x_1}\rvert)$ 或 $d_y=y \cdot E_r(y)$	$E_r(y)=\pm\left(\left\lvert\dfrac{d_{x_1}}{x_1}\right\rvert+\left\lvert\dfrac{d_{x_2}}{x_2}\right\rvert\right.$ $\left.+\left\lvert\dfrac{d_{x_3}}{x_3}\right\rvert\right)$
$y=x^n$	$d_y=\pm(\lvert nx^{n-1} \cdot d_x\rvert)$ 或 $d_y=y \cdot E_r(y)$	$E_r(y)=\pm\left(n\left\lvert\dfrac{d_x}{x}\right\rvert\right)$
$y=\sqrt[n]{x}$	$d_y=\pm\left(\left\lvert\dfrac{1}{n}x^{\frac{1}{n}-1} \cdot d_x\right\rvert\right)$ 或 $d_y=y \cdot E_r(y)$	$E_r(y)=\dfrac{d_y}{y}\pm\left\lvert\dfrac{1}{n}\dfrac{d_x}{x}\right\rvert$
$y=\dfrac{x_1}{x_2}$	$d_y=y \cdot E_r(y)$	$E_r(y)=\pm\left(\left\lvert\dfrac{d_{x_1}}{x_1}\right\rvert+\left\lvert\dfrac{d_{x_2}}{x_2}\right\rvert\right)$
$y=cx$	$d_y=\pm\lvert c \cdot d_x\rvert$ 或 $d_y=y \cdot E_r(y)$	$E_r(y)=\dfrac{d_y}{y}$ 或 $E_r(y)=\pm\left\lvert\dfrac{d_x}{x}\right\rvert$
$y=\lg x$ $=0.434\ 29\ln x$	$d_y=\pm\lvert(0.434\ 29\ln x) \cdot d_x\rvert$ $=\pm\left\lvert\dfrac{0.434\ 29}{x} \cdot d_x\right\rvert$	$E_r(y)=\dfrac{d_y}{y}$

误差分析的目的在于计算所测数据的真值或最佳值的范围，并判定其准确性或误差。整理一组实验数据时，一般按以下步骤进行。

(1) 求出该组测量值的算术平均值。根据偶然误差符合正态分布的特点，可知算术平均值是该组测量值的最佳值或真值。

（2）计算各测量值的绝对误差和相对误差。

（3）确定各测量值的最大可能误差，并验证各测量值的误差不大于最大可能误差。

按照偶然误差正态分布特点可知，一个测量值的绝对误差出现在$\pm 3\sigma$范围内的概率为99.7%，即出现在$\pm 3\sigma$范围外的概率是极小的（0.3%），故以$\pm 3\sigma$为最大可能误差，超出$\pm 3\sigma$的误差已不属于偶然误差，而是过失误差，因此，该数据应予剔除。

（4）在满足前一条件后，再确定算术平均值的标准误差：

$$\sigma_m = \frac{\sigma}{\sqrt{n}} \tag{3-26}$$

最佳值及其误差可表示为$A = \bar{x} \pm \sigma_m$。

3.2 有效数字及其运算规则

3.2.1 有效数字

在化工实验中经常遇到两类数字：一类是没有单位的数字，如π，e等，还有一些经验公式中的常数值、指数值等，其有效数字的位数可多可少，常按实际需要选取；另一类是有单位的数字，用来表示测量结果，如温度、压力、流量等数据，这一类数据的特点是除了具有特定的单位外，其最后一位数字往往是由仪表的精度所决定的估计数字，例如，用精度为1/10 ℃的温度计测量温度，某个人读得的温度为22.47 ℃，另一个人可能读得22.46 ℃。由此可见，这类数的“有效数字”中含有一位估计数字。通常测量时，一般均可估计到仪表最小刻度后一位，按此方法记下的都是有效数字。

一个数据，其中除了起定位作用的“0”外，其他数都是有效数字。如0.003 7只有两位有效数字，而370.0则有四位有效数字。一般要求测试数据有效数字为4位。要注意有效数字不一定都是可靠数字。对于“0”必须特别小心注意，50 g不一定是50.00 g。

在科学与工程中，为了清楚地表示数值的精度与准确度，可将有效数字写出,并在第一个有效数字后面加上小数点。而数值的数量级用 10 的整数幂来确定,这种用 10 的整数幂来记数的方法称为科学计数法。这种计数法的特点是小数点前面永远是一位非零数字,乘号前面的数字都为有效数字,这种科学计数法表示的有效数字,位数一目了然。如 98100 的有效数字分别为 4,3,2 时,则可分别表示为 9.810×10^4,9.81×10^4,9.8×10^4。

3.2.2 有效数字的运算规则

(1) 记录测量数值时,只保留一位估计数字。当有效数字位数确定后,其余数字一律舍弃。舍弃的办法是四舍六入,即末位有效数字后边第一位小于 5 则舍弃不计;大于 5 则在前一位数上增加 1;等于 5 时,前一位为奇数,则进 1 为偶数,前一位为偶数,则舍弃不计。这种舍入的原则可简述为:“小则舍,大则入,正好等于奇变偶”。

例如,下面诸数取三位有效数字时:

$$25.47\rightarrow25.5$$

$$25.44\rightarrow25.4$$

$$25.55\rightarrow25.6$$

$$25.45\rightarrow25.4$$

(2) 在加减运算中,各数所保留的小数点后的位数,与各数中小数点后的位数最少的相一致。例如,将 13.65,0.008 2,1.632 三数相加应写成 $13.65+0.01+1.63=15.29$。

(3) 在乘除运算中,各数所保留的位数,以原来各数中有效数字位数最少的那个数为准,所得结果的有效数字位数,亦应与原来各数中有效数字位数最少的那个数相同。例如,将 0.012 1,25.64,1.057 82 三数相乘应写成 $0.0121\times25.6\times1.06=0.328$。虽然这三个数的乘积为 0.328 345 6,但只应取其乘积为 0.328。

(4) 乘方、开方后的有效数字与其底数相同。

(5) 在对数计算中,所取对数位数与真数有效数字位数相同。

从有效数字的运算规则可以发现,当实验结果的准确度同时受几个待测参数影响时,则应使几个参数的测量仪表的精度一致,采用个别高精度仪表无助于提高整个实验结果的准确度,反而提高了实验成本。

3.3 实验数据处理

实验数据的处理,就是通过这些数据寻求其中的内在关系,必须对实验数据作进一步整理,并将其归纳成为图表或者经验公式,使人们清楚地观察到各变量之间的定量关系,以便进一步分析实验现象,提出新的研究方案或得出规律,指导生产与设计。目前,常用的方法有列表法、图示法和方程表示法三种。

3.3.1 列表法

将实验直接测定的一组数据,或根据测量值计算得到的一组数据,按照其自变量和因变量的关系以一定的顺序列出数据表格,即为列表法。在拟定记录表格时应注意下列问题:

(1) 测量单位应在名称栏中标明,不要和数据写在一起。

(2) 同一列的数字、数据必须真实地反映仪表的精度。即数字写法应注意有效数字的位数,每行之间的小数点对齐。

(3) 对于数量级很大或很小的数,在名称栏中乘以适当的倍数。例如,$Re=25\ 100$,用科学计数法表示 $Re=2.51\times10^4$。列表时,项目名称写为 $Re\times10^{-4}$,数据表中数字则写为 2.51。这种情况在化工数据表中经常遇到。

(4) 整理数据时,应尽可能将一些计算中始终不变的物理量归纳为常数,避免重复计算。

(5) 在实验数据归纳表中,应详细地列出实验过程记录的原始数据及通过实验过程要求的实验结果,同时,还应列出实验数据计算过程中较为重要的中间数据。例如,在传热实验中,空气流量就是计算过程中一个重要的数据,也应将其列入数据表中。

(6) 在记录表格下边,要求附以计算示例,表明各项之间的关系,以便于阅读或进行校核。

(7) 科学实验中,记录表格要规范,原始数据要书写整齐清楚,修改时宜用单线将错误的划掉,将正确的写在下面。要记录各种实验条件,并妥善保存。

实验数据表一般分为原始数据记录表和整理计算数据表。下面以阻力实验测定层流 λ-Re 关系为例进行说明。

原始数据记录表是根据实验的具体内容而设计的,以清楚地记录所有待测数据。该表必须在实验前完成。层流阻力实验原始数据记录表如表 3-3 所示。

表 3-3　层流阻力实验原始数据记录表

实验装置编号:第____套　管径____m　管长____m　水温____℃　时间____年__月__日

序号	水的体积 V/mL	时间 t/s	压差计显示值		
			左/mm	左/mm	ΔR/mm
1					
2					
…					
n					

整理计算数据表可细分为体现出实验过程主要变量的中间计算结果表、表达实验过程中得出结论的综合结果表和表达实验值与参照值得出的误差范围的误差分析表,实验报告中要用到几个表,应根据具体实验情况而定。层流阻力实验整理计算数据表见表 3-4。

表 3-4　层流阻力实验整理计算数据表

序号	流量 $V/(m^3\cdot s^{-1})$	平均流速 $u/(m\cdot s^{-1})$	层流沿程损失值 h_f/mH_2O	$Re\times10^{-2}$	$\lambda\times10^2$	λ-Re 关系式
1						
2						
…						
n						

设计实验数据表应注意的事项:

(1) 表格设计力求简明扼要,一目了然,便于阅读和使用。记录、计算项目要满足实验需要,如原始数据记录表上方要列出实验装置的几何参数及平均水温等常数项。

(2) 表头列出物理量的名称、符号和计算单位。符号与计量单位之间用斜线"/"隔开。斜线不能重叠使用。计量单位不宜混在数字之中,造成分辨不清。

(3) 注意有效数字位数,即记录的数字应与测量仪表的准确度相匹配,不可过多或过少。

(4) 物理量的数值较大或较小时,要用科学计数法表示。以"物理量的符号$\times 10^{\pm n}$/计量单位"的形式计入表头。注意,表头中的$10^{\pm n}$与表中的数据应服从下式:

$$\text{物理量的实际值}\times 10^{\pm n}=\text{表中数据}$$

(5) 为了便于引用,每一个数据表都应在表的上方写明表号和表名。表号应按出现的顺序编写并在正文中有所交代。同一个表尽量不跨页,必须跨页时,在跨页上须注上"续表××"。

(6) 数据书写要清楚整齐。修改时宜用单线将错误的划掉,将正确的写在下面。各种实验条件及作记录者的姓名可作为"表注",写在表的下方。

3.3.2 图示法

上述列表法,一般难以见到数据的规律性,故常需要将实验结果用图形表示出来,用图形表示实验结果简明直观,便于比较,易于看出结果的规律性或趋向。准确的图形还可以在不知道数学表达式的情况下进行微积分运算,因此运用广泛。作图过程中应遵循一些基本原则,否则得不到预期结果,甚至会导致错误的结论。以下是关于化学工程实验中正确作图的一些基本原则。

1. 图纸的选择

常用的图纸有直角坐标纸、半对数坐标纸和双对数坐标纸等。要根据变量间的函数关系选定一种坐标纸。

对于符合方程式 $y=kx+b$ 的数据,可直接在直角坐标纸上绘制出一条直线;对于符合方程式 $y=k^{ax}$ 的数据,经两边取对数得 $\lg y=ax\lg k$,可在半对数坐标纸上画出一条直线;对于符合方程式 $y=ax^{m}$ 的数据,经两边取对数得 $\lg y=\lg a+m\lg x$,可在双对数坐标纸上画出一条直线。

当变量多于两个时,如 $y=f(x,z)$,在作图时先固定一个变量,例如,可将 z 值先固定,求出 $y-x$ 关系,这样可得每个 z 值下的一组图线。在做填料吸收塔的流体力学特性测定时,就是采用此标绘方法,即相应于各喷淋量 L,在双对数坐标纸上标出空塔流速 u 和填料层压降 $\Delta p/z$ 的关系曲线。此外,某变量最大值与最小值数量级相差很大时;或自变量 x 从零开始逐渐增加的初始阶段,x 少量增加会引起因变量的极大变化时,均可采用对数坐标纸。

2. 坐标的分度

坐标分度是指每条坐标轴所代表的物理量大小,即选择适当的坐标比例尺。习惯上,一般取自变量为 x 轴,因变量为 y 轴,在两轴上要标明变量名称、符号和单位。坐标分度的选择,要反映出实验数据的有效数字位数,即与被标的数值精度一致;分度的选择还应使数据容易读取,而且分度值不一定从零开始,以使所得图形能占满全幅坐标纸,匀称居中,避免图形偏于一侧。

若在同一张坐标纸上同时标绘几组测量值或计算数据,可用不同符号(如 *,×,△,○等)加以区别。

选用对数坐标标绘时,标在对数坐标轴上的值是真值,对数坐标原点为 $x=1,y=1$,而不是零。由于 0.01,0.1,1,10,100 等数的对数分别为 -2,-1,0,1,2 等,所以对数坐标纸上每一数量级的距离是相等的。对数坐标上求取斜率的方法,与直角坐标上的求法不同,因为在对数坐标上标度的数值是真值而不是对数值。因此,双对数坐标纸上直线的斜率,需要用对数值来求算,或者直接用尺子在坐标纸上量取线段长度求取。在双对数坐标纸上,直线与 $x=1$ 处的纵轴相交处的 y 值,即为方程 $y=ax^m$ 中的 a 值。若所绘的直线在图面上不能与 $x=1$ 处的纵轴相交,则可在直线上任取一组数据 x 和 y 代入原方程 $y=ax^m$ 中,通过计算求得 a 值。

选用双对数坐标并将数据标绘在坐标纸上时应标明坐标表示的量的符号及双对数坐标的单位;描点画线时,曲线除有明显的转折点之外,应光滑、匀称、工整。连线时应照顾到所有的点,明显错误的点可以不考虑,但连线不一定通过所有的点,应使曲线两侧的点近乎相等,直线应用直线尺画,曲线应用曲线板或曲线尺画。

3.3.3 方程表示法

为方便工程计算,通常需将实验数据或计算结果用数学方程或经验公式的形式表示出来。在化学工程中,经验公式通常都表示成量纲为 1 数群或特征数的关系式。通常遇到的问题是如何确定公式中的常数和系数。经验公式或特征数关系式中的常数和系数的求法很多,最常用的是图解法和最小二乘法。

1. 图解法

对于能在直角坐标系上直接标绘出一条直线的数据,很容易求出直线方程的参数和系数。在绘制图形时,有时两个变量之间的关系并不是线性的,而是符合某种曲线关系,为了能够比较简单地找出变量间的关系,以便回归经验方程和对其进行经验分析,常将这些曲线进行线性化。

2. 最小二乘法

使用图解法求解时,坐标纸标点会有误差,而根据点的分布确定直线的位置时,具有较大的人为性,因此,用图解法确定直线的斜率及截距常常不够准确。较为准确的方法是最小二乘法,其原理为:最佳的直线就是能使各数据点同回归线性方程求出值的偏差平方和为最小,也就是一定数据点落在该直线上的概率为最大。

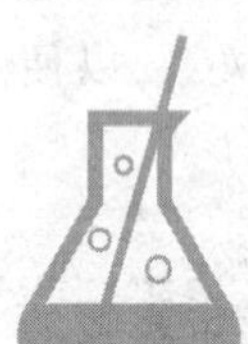

第四章　化工常用仪表及测量技术

在化学工业和实验研究领域中,经常测量的参数有温度、压力、流量等。用来测量这些参数的仪表称为化工测量仪表。不论是选用、购买或自行设计,要做到合理使用测量仪表,就必须对测量仪表有初步了解。它们的准确度对实验结果影响较大,所以仪表的选用必须符合工作的需求。选用或设计合理,既可节省投资,还能获得满意的结果。本章主要对测量温度、压力、流量时所选用仪表的原理、类型、特性及安装、应用、维修等作简要介绍。

4.1　温度的测量

化工应用中温度的测量按其原理的不同可大致分为接触式和非接触式两种形式。其中接触式从工作原理上又分为热膨胀、热电阻和热电偶;非接触式的工作原理为热辐射。

1. 热膨胀种类

(1) 玻璃管温度计

该温度计的工作原理是利用液体的体积与温度之间的关系,用毛细管内液体上升的高度来指示被测温度。这种温度计的一般测量范围在-80~

500 ℃,具有结构简单,使用方便,测量精度较高(0.1~2.5 级),价格低廉等优点;但测量上限和精度受玻璃质量限制,易碎,不能记录和远传。

(2) 双金属温度计

该温度计制成表盘指针形式。双金属片结合成一体,一端固定,另一端自由。这种温度计的一般测量范围在-80~600 ℃具有结构简单,机械强度大,价格低廉等优点;但其测量精度较低(1~2.5 级),量程和使用范围有限制。

(3) 压力式温度计

该温度计的一般测量范围在-100~500 ℃,具有结构简单,不怕震动,具有防爆性,价格低廉等优点;但其测量精度较低(1~2.5 级),测量距离较远时,仪表的滞后现象较严重。

2. 热电阻种类

(1) 铂、铜电阻温度计

该温度计的一般测量范围在-200~500 ℃,具有测量精度高(0.5~1.0 级),便于远距离、集中测量和自动控制等优点;但不能测量高温,由于体积大,测量点温度较困难。

(2) 半导体温度计

该温度计的一般测量范围在-50~300 ℃,其特点同铂、铜电阻温度计一致。

3. 热电偶种类

(1) 铜-康铜温度计

该温度计的一般测量范围在-100~300 ℃,具有测量范围广,精度高(0.5~3.0 级),便于远距离、集中测量和自动控制等优点;但需要进行冷端补偿,在低温端测量时精度低。

(2) 铂-铂铑温度计

该温度计的一般测量范围在 200~1 800 ℃,其特点同铜-康铜温度计一致。

4. 热辐射式温度计

该温度计的一般测量范围在 100~2 000 ℃,该温度计的感温元件不破坏被测物体的温度场,测温范围广;但只局限测高温段,低温段测量不准,环境条件会影响测量准确度。

5. 其他

除上述温度测量方式之外,还有射流测温、涡流测温、激光测温等其他类型的温度测量方式。

4.1.1 玻璃管温度计

1. 常用玻璃管温度计

特点:玻璃管温度计结构简单、价格便宜、读数方便,而且有较高的精度。

种类:实验室用得最多的是水银和乙醇、苯等有机液体的温度计,封装时充入惰性气体,以防止液柱断裂。水银温度计测量范围广、刻度均匀、读数准确,但玻璃管破损后会造成污染。有机液体温度计着色后读数明显,但由于膨胀系数随温度而变化,故刻度不均匀,读数误差较大。

2. 玻璃管温度计的使用和安装

(1) 玻璃管温度计应安装在振动不大,不易受碰撞的设备上。特别是有机液体温度计,如果振动较大,容易使液柱中断;

(2) 玻璃管温度计的感温泡中心应处于温度变化最敏感处;

(3) 玻璃管温度计要安装在便于读数的场所,不可以倒装,也应尽量不要倾斜安装;

(4) 在玻璃管温度计保护管中加入甘油、变压器油等,以排除空气等不良导体,这样可以减少读数误差;

(5) 水银温度计读数时按凸面最高点读数,有机液体温度计则按凹面最低点读数;

(6) 为了准确地测量温度,用玻璃管温度计测定物体温度时,如果指示液柱不是全部插入欲测的物体中,会使测量值不准确,必要时需进行校正。

3. 玻璃管温度计的校正

玻璃管温度计校正的方法有以下两种:

(1) 与标准温度计在同一状况下比较

实验室内将被校正的玻璃管温度计与标准温度计插入恒温槽中,待恒温槽的温度稳定后,比较被校正温度计与标准温度计的示值。示值误差的校正应采用升温校正,因为对于有机液体来说,它与毛细管壁有附着力,在降温时,液柱下降会有部分液体停留在毛细管壁上,影响读数的准确性。水银温度计在降温时也会因摩擦发生滞后现象。

(2) 利用纯质相变点进行校正

① 用水和冰的混合物校正 0 ℃;

② 用水和水蒸气校正 100 ℃。

4.1.2　热电偶温度计

1. 热电偶温度计测温原理

热电偶温度计需要提供低温端标准参考温度，一般都是取水的冰点（水和冰的混合物）0 ℃，这个条件满足时，不需要进行校正。对于不便于提供标准参考温度的场合，低温端温度即环境温度（或其他方面的设定温度）。出厂时以标准温度标定的分度就需要进行校正。从道理上讲，如果所用热电偶的电势与温差之间是严格的线性关系，则只需要把指示温度（或由所测电势计算得到的温度）加上冷端温度与 0 ℃（低温端标准参考温度）之差，就能得到正确的测量温度。但一般热电偶的电势与温差之间都不是严格的线性关系，因此就需要先查得所使用的热电偶冷端温度与 0 ℃之差所对应的电势，把它加到测得的电势上，然后再用这个电势和查得所对应的温度。

2. 常用热电偶温度计的特性

几种常用的热电偶温度计的特性数据见表 4-1。

表 4-1　常用热电偶温度计的特性数据

热电偶名称	型号	分度号	100 ℃时热电势/mV	最高使用温度/ ℃	
				长期	短期
铂铑 10%-铂	WRLB	LB-3	0.643	1 300	1 600
镍铬-考铜	WREA	EA-2	6.95	600	800
镍铬-镍硅	WRN	EU-2	4.095	900	1 200
铜-康铜	WRCK	CK	4.29	200	300

3. 热电偶温度计的校验

（1）对新焊好的热电偶温度计需校对电势-温度是否符合标准，检查有无复制性，或进行单个标定。

（2）对所用热电偶温度计定期进行校验，测出校正曲线，以便对高温氧化产生的误差进行校正。

4.1.3 热电阻温度计

1. 热电阻温度计测温原理

热电阻温度计是利用金属导体的电阻值随温度变化而改变的特性来进行温度测量的。纯金属及多数合金的电阻率随温度升高而增加，即具有正的温度系数。在一定温度范围内，电阻-温度的关系是线性的，温度的变化可导致金属导体电阻的变化。这样，只要测出电阻值的变化，就可达到测量温度的目的。

一般热电阻的感温元件是以直径为0.03~0.07 mm的纯铂丝，绕在有锯齿的云母骨架上，再用两根直径为0.5~1.4 mm的银导线作为引出线引出，与显示仪表连接。当感温元件上铂丝的温度变化时，感温元件的电阻值随温度而变化，并成一定的函数关系。将变化的电阻值作为信号输入具有平衡或不平衡电桥回路的显示仪表及调节器和其他仪表等，即能测量或调节被测介质的温度。

由于感温元件占有一定的空间，所以不能像热电偶温度计那样，用它来测量"点"的温度，当要求测量任何空间内或表面部分的平均温度时，热电阻温度计用起来非常方便。热电阻温度计的缺点是不能测定高温，因流过电流过大时，会发生自热现象而影响测量的准确度。

2. 常用热电阻温度计的性质

热电阻温度计包括金属丝电阻温度计和热敏电阻温度计两种。常用热电阻温度计的使用温度和温度系数如表4-2所示。

表4-2 常用热电阻温度计的使用温度和温度系数

种类	使用温度范围/℃	温度系数/$℃^{-1}$
铂电阻温度计	-260~630	+0.003 9
镍电阻温度计	<150	+0.006 2
铜电阻温度计	<150	+0.004 3
热敏电阻温度计	<350	-0.03~0.06

3. 热电阻温度计的选型

(1) 热电阻温度计是一种最基本的测温传感器，由于其在各种行业中使用极为广泛,所以在选购时应根据使用行业、被测介质、测量温度、安装场所、周围环境等综合考虑。

(2) 热电阻温度计的型号一般基本确定了该产品的常用性能、技术参数及使用条件,但在具体订购时还需提供较为全面的参数,这样有利于选择最为适用的产品。常用热电阻温度计的主要技术参数见表 4-3。

表 4-3 常用热电阻温度计的主要技术参数

项目	类别
热电阻温度计型号	通常为 WZ 字母开头 特殊的符号 常用 Pt10,Pt100,Pt1000,Cu50 等
分度号	旧分度号 BA1,BA2,Cu53 等 特殊的分度号
精度等级	A 级 B 级
感温头形式	单支 双支 多对
温度范围	常用温度:-200~500 ℃ 特定的温度
材质	金属:常用 304,310,316,GH,HC 非金属:陶瓷、化合物、复合管等
外形尺寸	热电阻保护套管的直径(Φ: mm) 总长度(L: mm) 插入深度(I: mm)
安装连接方式	无固定 螺纹(栓) 法兰
电器接口形式	接线盒式 补偿线(软线)式 接插件式
信号引出线形式	二线制 三线制 四线制

4.2 压力的测量

通常所说的压力是指压强(pressure),在化工领域中一般指流体的压强。客观条件决定了在测量流体的压力时,一般都是测出实际的绝对压力与大气压力的差值,称为表压。大气的压力并不是一个定值,随着海拔高度、所处经纬度、温度的改变而改变。标准大气压是纬度45°海平面上0 ℃时大气的压力。

常见的压力测量方法分类:

按仪表的工作原理可分为液柱式压差计、弹性式压力计和电测式压力计。

按所测的压力范围分为压力计、气压计、微压计、真空计、压差计等。

按仪表的精度等级分为标准压力计(精度等级在0.5级以上)、工程用压力计(精度等级在0.5级以下)。

按显示方式分为指示式、自动记录式、远传式、信号式等。

下面简要介绍实验室中常用的液柱测压方法、弹性元件测压方法和电信号测压方法。

4.2.1 液柱测压方法

根据流体静力学原理,由管内液柱高度差计算得到管两端的压差,是最原始也是最可靠的测压方法。只是由于在要求大的测量范围时,工作介质要用水银,对环境和健康有害,所以除非必要,一般应避免使用水银。

液柱式压差计的特点:结构简单,精度较高,既可用于测量流体的压力,又可用于测量流体的压差。

常用的工作液体:水、水银、乙醇。当被测压力或压差很小,且流体是水时,还可用甲苯、氯苯、四氯化碳等作为指示液。

液柱式压差计的基本形式有U形管压差计、倒U形管压差计、单管式压差计、斜管式压差计、微差压差计等。

1. U形管压差计

U形管压差计的结构如图4-1所示。

若被测介质为液体，平衡时压差为

$$p_1 - p_2 = Rg(\rho_A - \rho) \qquad (4-1)$$

式中：ρ_A——工作液的密度，kg/cm³；

ρ——被测流体的密度，kg/cm³；

R——U 形管内指示液两边液面差，mm。

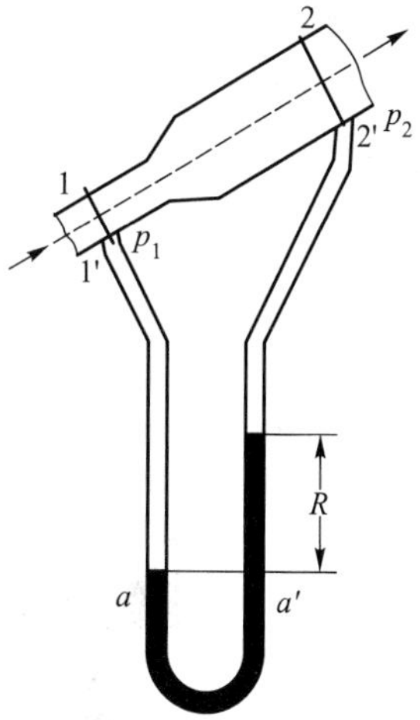

2. 倒 U 形管压差计

倒 U 形管压差计的结构如图 4-2 所示，就是将 U 形管压差计倒置。这种压差计的优点是不需要另加指示液，而以被测流体指示，倒 U 形管的上部为空气。倒 U 形管压差计一般用于测量液体压差小的场合。

3. 单管式压差计

单管式压差计是 U 形管压差计的一种变形，其结构如图 4-3 所示。

图 4-1 U 形管压差计的结构

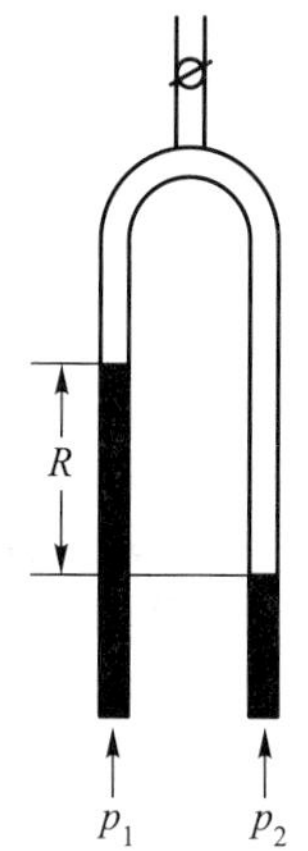

图 4-2 倒 U 形管压差计的结构

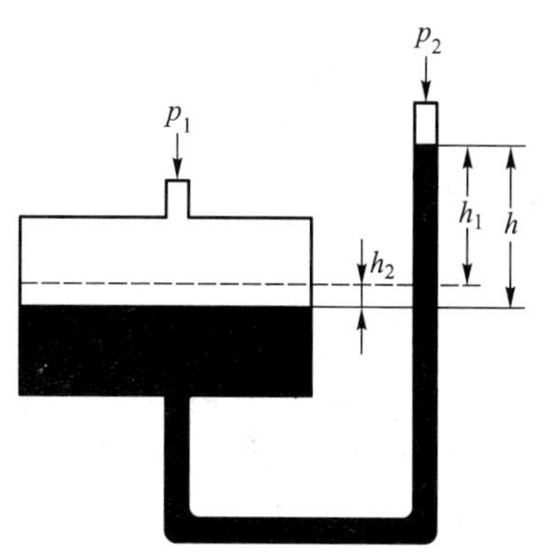

图 4-3 单管式压差计的结构

单管式压差计是将 U 形管压差计的一根管用一只杯代替，由于杯的截面积远大于玻璃管的截面积（一般二者比值要等于或大于 200），所以在其两端作用不同的压力时，细管一边的液柱从平衡位置升高 h_1，杯形一边下降 h_2。根据等体积原理，$h_1 \gg h_2$，故 h_2 可忽略不计。因此，在读数时只要读取细管一边的高度即可。

4. 斜管式压差计

斜管式压差计是将U形管压差计或单管式压差计的玻璃管与水平方向作角度的倾斜。它可用来测量微小的压力和负压。斜管式压差计的结构如图4-4所示。

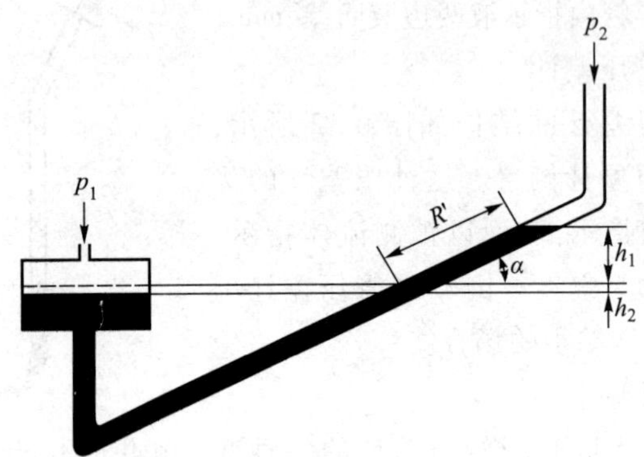

图4-4 斜管式压差计的结构

$$\Delta p=g\rho(h_1+h_2)=g\rho\left(\frac{A_1}{A_2}+\sin\ \alpha\right)R' \tag{4-2}$$

式中：R'——斜管中液柱长度，m；

α——斜管的倾斜角度，°；

A_1, A_2——大容器和斜管的内截面积，m^2。

5. 微差压差计

由流体静力学方程可知：

$$\Delta p=p_1-p_2=Rg(\rho_B-\rho_A)$$

当压差很小时，为了扩大读数R，减小相对读数误差，可以通过减小$(\rho_B-\rho_A)$来实现。$(\rho_B-\rho_A)$越小，则读数R越大，故当所用的两种液体的密度接近时，可以得到读数很大的R值，这在测量微小压差时特别适用。微差压差计的结构如图4-5所示。

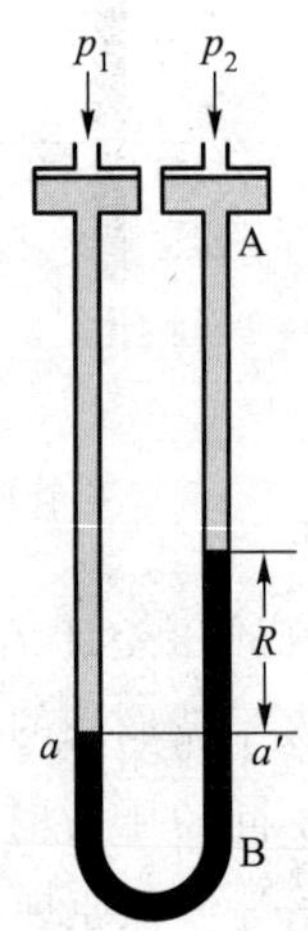

图4-5 微差压差计的结构

液柱式压差计使用注意事项：

（1）被测压力不能超过仪表测量范围。有时因被测介质突然增压或操作不注意造成压力增大,会使工作液被冲走。若是水银工作液被冲走,既带来损失,还可能造成水银中毒的危险,在工作中要特别注意。

(2) 被测介质不能与工作液混合或起化学反应。当被测介质要与水或水银等混合,或发生反应时,则应更换其他工作液或采取加隔离液的方法。

(3) 液柱式压差计安装位置应避开过热、过冷及有震动的地方。因为过热时工作液易蒸发,过冷时工作液可能冻结,震动太大会把玻璃管震破,造成测量误差或根本无法指示。一般,冬天常在水中加入少许甘油或者采用乙醇、甘油、水的混合物作为工作液以防冻结。

(4) 由于液体的毛细现象,在读取压力值时,视线应在液柱面上,观察水时应看凹面处,观察水银时应看凸面处。

(5) 在使用过程中保持测量管和刻度标尺的清晰,定期更换工作液。经常检查仪表本身和连接管间是否有泄漏现象。

4.2.2 弹性元件测压方法

实际应用中最常见的压力表就是属于弹性元件测压方法。弹性元件中最常用的是单圈和多圈弹簧管,可以用于测量低压、中压、高压和真空度。单圈弹簧管测量范围可以从 0~0.1 kPa 直至 0~10^5 kPa。但是由于压力表在测量下限和测量上限附近的测量精度都不高,所以推荐的适用范围是在其测量上限的 1/3~2/3,即使用范围只是压力表量程的 1/3。压力表的精度等级范围很大,从 0.01 级直到 2.5 级。对于特定的被测介质必须要使用规定的专用压力表,如氧气压力表、氨气压力表、耐腐蚀压力表等。压力表的指示值是表压与大气压之差。

为了保证压力表的正确指示和长期使用,一个重要的因素是仪表的安装与维护,在使用时应注意以下几点:

(1) 在选用压力表时,要注意被测介质的物性和仪表的量程。测量爆炸、腐蚀、有毒气体的压力时,应使用特殊的仪表。氧气压力表严禁接触油类,以免爆炸。仪表应工作在正常允许的压力范围内,操作压力比较稳定时,操作指示值一般不应超过仪表量程的 2/3,在压力波动时,应在其量程的 1/2 处。

(2) 工业用压力表应在环境温度为-40~60 ℃、相对湿度不大于 80%的条件下使用。

(3) 在震动情况下使用压力表时要装减震装置。测量结晶或黏度较大的介质时,要加装隔离器。

(4) 压力表必须垂直安装,安装处与测定点之间的距离应尽量短,以免指示迟缓。安装须保证无泄漏现象。

(5) 压力表的测定点与压力表的安装处应处于同一水平位置,否则将产生附加高度误差,必要时需加修正值。

(6) 压力表必须定期校验。

4.2.3 电信号测压方法

电信号测压仪表由压力传感器和显示器组成。在化工上常用的是差压变送器,它的测量对象是压差,它是一种电感式差压传感器。差压变送器有两个测压接口,分别接高压和低压。两个测压室之间是一个挠性膜片,随着压差的变化而移动。膜片上方的金属片起衔铁作用,与马蹄形铁芯之间的空隙随压差的变化而变化。空隙大时磁阻增大,空隙小时磁阻减小。铁芯上线圈的电感随磁阻的增大而减小。若把线圈的电阻看成定值,则线圈的阻抗随电感的增大而增大。对于简单的电感式差压传感器,对线圈电路施加一个标准电流源,则电压随阻抗线性变化。经过标定之后,可以用电压表显示电压,也可以输出到其他接口。对于较为复杂的差动式差压传感器,工作原理是相同的,只是由两个开口相对的对称铁芯组成,衔铁位于两个铁芯之间,发生偏移时,距一个铁芯的距离增大,而距另一个铁芯的空隙减小。两个电感电路与两个电阻电路组成电桥。为电感电路施加一个电压源,桥路上的输出电压随衔铁与两个铁芯之间的空隙的变化而变化,在输出电压与被测电压差之间建立对应关系,测量精度高于简单的电感式差压传感器。这类传感器的输出电压与压差之间呈近似线性关系,测量范围较小时,线性关系较好。

4.3 流量的测量

测量流量的方法和仪器很多,最简单的流量测量方法是量体积法和称重法,即通过测量流体的总量(体积或质量)和时间间隔,求得流体的平均流量。这种方法不需使用流量测量仪表,但无法测定封闭体系中的流量。目前测量流量的仪表常用的有测速管、变压头流量计、变截面流量计、涡轮流量计。

4.3.1 测速管

1. 测速管的结构与测量原理

测速管又称皮托(Pitot)管,由两根弯成直角的同心套管组成,内管管口正对着管中流体流动的方向;外管管口是封闭的,在管外前端壁面四周开有若干测压小孔。为了减小误差,测速管的前端经常做成半球形以减小涡流。测速管的内管与外管分别与U形管压差计相连,测速管的结构如图4-6所示。

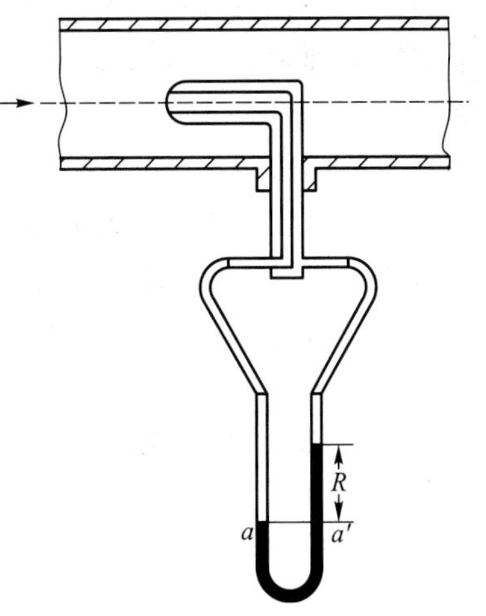

图4-6 测速管的结构

根据上述情况,测速管的内管测得的为管口所在位置的局部流体动能与静压能之和,称为冲压能,即

$$h_A=\frac{p_A}{\rho}=\frac{p}{\rho}+\frac{1}{2}u^2 \tag{4-3}$$

由于外管壁面上的测压小孔与流体方向平行,所以外管仅测得流体的静压能 p/ρ,即

$$h_B=\frac{p_B}{\rho}=\frac{p}{\rho} \tag{4-4}$$

U形管压差计实际反映的是内管和外管静压能之差,即

$$\Delta h=h_A-h_B=\frac{u^2}{2} \tag{4-5}$$

则该测量位置的局部流速为

$$u=\sqrt{\frac{2\Delta p}{\rho}} \tag{4-6}$$

将U形管压差计公式(4-1)代入,可得

$$u=\sqrt{\frac{2Rg(\rho_A-\rho)}{\rho}} \tag{4-7}$$

由此可知,测速管实际测得的是流体在管截面某处的点速度,因此利用测速管可以测得流体在管内的速度分布。若要获得流量,可对流速流量分布曲线进行积分;也可利用测速管测量管中心的最大流速 u_{max},查取最大流速与平均流速的关系,求出管截面的平均流速,进而计算出流量,此法较常用。

2. 测速管的安装

(1) 必须保证测量点位于均匀流段,一般要求测量点上、下游的直管长度最好大于 50 倍管内径,至少也应大于 8~12 倍管内径。

(2) 测速管管口截面必须垂直于流体流动方向,任何偏离都将导致负偏差。

(3) 测速管的外径 d_o 不应超过直管内径 d 的 1/50,即 $d_o<d/50$。

(4) 测速管对流体的阻力较小,适用于测量大直径管道中清洁气体的流速。若流体中含有固体杂质时,易将测压孔堵塞,故不宜采用。此外,测速管的压差读数较小,常常需要放大或用微差计。

4.3.2　变压头流量计

基本的变压头流量计有孔板流量计和文丘里流量计,在化工实际生产中大量使用,实验室中也经常使用。这种流量计结构简单,价格低廉,适用范围广,可靠性高。但是需要有一个压差计测量两个已知流动截面之间的压差,再经过计算得到体积流量。其工作原理是机械能守恒,变压头流量计的理论流量是在不考虑机械能损失时计算得到的体积流量。

稳态流动过程的连续性方程:

$$A_1u_1\rho_1=A_2u_2\rho_2 \tag{4-8}$$

机械能守恒的微分方程:

$$u\mathrm{d}u+\frac{\mathrm{d}p}{\rho}=0 \tag{4-9}$$

对于不可压缩流体和可压缩流体进行式(4-9)积分时得到不同的结果。

1. 不可压缩流体

若流体的密度不随压力变化(所有液体都看成是不可压缩的)时,得到不含势能的伯努利方程:

$$\frac{1}{2}(u_2^2-u_1^2)+\frac{p_2-p_1}{\rho}=0 \tag{4-10}$$

代入连续性方程 $\frac{u_2}{u_1}=\frac{A_1}{A_2}$,得到

$$u_1^2\left[\left(\frac{A_1}{A_2}\right)^2-1\right]=2\frac{p_2-p_1}{\rho} \tag{4-11}$$

理论体积流量:

$$Q_V=A_1u_1=A_1\sqrt{\frac{\frac{2(p_2-p_1)}{\rho}}{\left(\frac{A_1}{A_2}\right)^2-1}}=A_2u_2=A_2\sqrt{\frac{\frac{2(p_2-p_1)}{\rho}}{1-\left(\frac{A_2}{A_1}\right)^2}} \tag{4-12}$$

令 $p_1-p_2=\Delta p, A_2/A_1=(d/D)^2$,不可压缩流体的理论体积流量可表示为

$$Q_{V,\mathrm{T}}=A_2\sqrt{\frac{\frac{2\Delta p}{\rho}}{1-\left(\frac{d}{D}\right)^4}} \tag{4-13}$$

实际流量可表示为流量系数 C 乘以理论流量:

$$Q_V=CQ_{V,\mathrm{T}} \tag{4-14}$$

2. 可压缩流体

对于可压缩流体,采用理想气体在绝热可逆过程中压力与密度之间的函数关系,把流体微元看成移动的封闭体系:$\delta Q=\mathrm{d}u+p\mathrm{d}V=0$, $\mathrm{d}u=-p\mathrm{d}V$, $C_V\mathrm{d}T=-\frac{RT}{V}\mathrm{d}V$, $C_V\frac{\mathrm{d}T}{T}=-R\frac{\mathrm{d}V}{V}$, $\overline{C_V}\ln\frac{T_2}{T_1}=-R\ln\frac{V_2}{V_1}$, $\left(\frac{T_2}{T_1}\right)^{\overline{C_V}}=\left(\frac{p_2V_2}{p_1V_1}\right)^{\overline{C_V}}=\left(\frac{V_2}{V_1}\right)^{-R}$, $p_2V_2^k=p_1V_1^k$, $\frac{p_2}{\rho_2^k}=\frac{p_1}{\rho_1^k}$,其中,$k=\frac{C_p}{C_V}$,称为绝热指数。

对机械能守恒的微分方程进行积分,得到如下方程:

$$\frac{1}{2}(u_2^2-u_1^2)+\frac{k}{k-1}\left(\frac{p_2}{\rho_2}-\frac{p_1}{\rho_1}\right)=0 \tag{4-15}$$

代入连续性方程 $\frac{u_2}{u_1}=\frac{A_1\rho_1}{A_2\rho_2}=\frac{A_1}{A_2}\left(\frac{p_1}{p_2}\right)^{\frac{1}{k}}$,经整理得

$$u_2=\frac{1}{\sqrt{1-\left(\frac{d}{D}\right)^4\left(\frac{p_2}{p_1}\right)^{\frac{2}{k}}}}\sqrt{\frac{2k}{k-1}\frac{p_1}{\rho_1}\left(1-\frac{p_2}{\rho_2}\frac{k-1}{k}\right)} \tag{4-16}$$

则理论体积流量：

$$Q_{V,T}=A_2u_2=A_2\sqrt{\frac{\frac{2k}{k-1}\frac{p_1}{\rho_1}\left(1-\frac{p_2}{\rho_2}\frac{k-1}{k}\right)}{1-\left(\frac{d}{D}\right)^4\left(\frac{p_2}{p_1}\right)^{\frac{2}{k}}}} \tag{4-17}$$

实际流量的计算方法同不可压缩气体一样。

4.3.3 变截面流量计(转子流量计)

转子流量计是基本的变截面流量计,又称浮子流量计。

1. 转子流量计的工作原理

转子流量计由两个部件组成,一件是从下向上逐渐扩大的锥形管;另一件是置于锥形管中且可以沿管的中心线上下自由移动的转子。转子流量计当测量流体的流量时,流体自下而上流过垂直的锥形管,转子受到两个作用力:一是垂直向下的重力,对于特定的转子,重力为定值;二是垂直向上的推动力,它等于流体流经转子与锥形管的环形截面所产生的压差。当流量加大,压差大于转子的重力时,转子就上升;当流量减小,压差小于转子的重力时,转子就下降;当压差等于转子的重力时,转子处于受力平衡状态,会停留在一定位置。在锥形管外表面上刻上读数,根据转子的停留位置,即可读出被测流体的流量。

分析表明:转子在锥形管中的位置高度,与所通过的流量有着相互对应的关系。因此,观察测量转子在锥形管中的位置高度,就可以求得相应的流量值。为了使转子在锥形管的中心线上下移动时不碰到管壁,通常采用两种方法:一种是在转子中心装有一根导向芯棒,以保持转子在锥形管的中心线作上下运动;另一种是在转子圆盘边缘开一道斜槽,当流体自下而上流过转子时,一面绕过转子,同时又穿过斜槽产生一个反推力,使转子绕中心线不停地旋转,就可保持转子在工作时不碰到管壁。转子流量计的转子可用不锈钢、铝、青铜等材料制成。

2. 转子流量计的特点

转子流量计是实验室和工业上最常用的一种流量计。它具有结构简单、直观、压力损失小、维修方便等特点。转子流量计适用于测量通过管道

直径 $D<150$ mm 的流量，也可以测量腐蚀性介质的流量。使用时转子流量计必须安装在垂直走向的管段上，流体介质自下而上地通过转子流量计。

3. 转子流量计的选择

(1) 中小流量、微小流量，压力小于 1 MPa，温度低于 100 ℃的洁净透明、无毒、无燃烧和爆炸危险且对玻璃无腐蚀、无黏附的流体流量的就地指示，可采用玻璃转子流量计。

(2) 对于易汽化，易凝结，有毒，易燃，易爆，不含磁性、纤维和磨损物质，以及对不锈钢无腐蚀性的流体的中小流量测量，当需就地指示或远传信号时，可选用普通型金属管转子流量计。

(3) 当被测介质易结晶、易汽化或具有高黏度时，可选用带夹套的金属管转子流量计。在夹套中通以加热或冷却介质。

(4) 当被测介质有腐蚀性时，可采用防腐型金属管转子流量计。

4. 转子流量计的安装、调试与维修

(1) 安装

转子流量计要求垂直安装，倾斜度不大于 50°。流体大都是自下而上，特殊的金属管转子流量计可以与水平管道连接，安装位置应振动较小，易于观察和维护，应设上下游切断阀和旁路阀。对脏污介质，必须在转子流量计的进口处加装过滤器。

(2) 调试

如果发现转子流量计的输出信号与就地指示不一致，那么就要对其进行校正。

① 打开变送器的壳体卸下螺丝护帽，转动 ZERO POT 调节零点，转动 SPAN POT 调节量程。垂直放置变送器，当指针指示为零时，它的输出电流应该是 4 mA(DC)，否则要对量程进行调节。由于它们的调节范围都很小，调节时密切观察输出电流值，缓慢地进行调校，大幅度的调校很难取得良好的效果。零点、量程调校结束后，进行输出检查，当流量为 0，25%，50%，75%，100%时对应输出电流为 4 mA(DC)，8 mA(DC)，12 mA(DC)，16 mA(DC)，20 mA(DC)。如果仍然存在偏差，按上述步骤继续进行调校，直到达到允许误差范围为止。

② 经过反复调校仍然达不到要求，则打开指示机构侧面的盖板，用内六角扳手对转子流量计的零点、量程进行机械调整。在调整时，用透明胶布把指针粘在面板的零点、满量程处，辅助进行调校。这样会取得很好的效果，

节约调校时间。当认为合格后取下胶布，上下晃动流量计，观察在静止时指针是否回到零位。否则继续调校，直到满意为止。调校结束后零点、量程的两个内螺丝一定要是紧固的（适用于 AM-1500，AM-1400，M-900 系列）。

（3）维修

转子流量计在运行中可能会遇到如下问题：

① 流量计指示反应迟钝

a. 产生的原因

（a）流量计转子上粘有杂物，严重影响转子的正常运动；

（b）流量计的磁耦合机构（指示机构）机械部位生锈；

（c）指示机构的指针弯曲变形。

b. 维修措施

（a）从管道上拆下流量计，用尖嘴钳拧下流量计的转子导向套，从锥形管中缓慢抽出转子，用软布轻轻擦去转子黏附的杂物。在做这项工作时，千万小心不要损坏锥形管的内表面、转子，尤其是转子的边缘棱角。因为它的损坏会使流量计的测量准确度大大降低。

（b）打开指示机构的盖板，用除锈剂清洗生锈的部位，然后用软布清除锈渣。

（c）指示机构的指针弯曲变形的原因，是被测介质压力波动太大造成的。打开盖板从指示机构上卸下指针，进行校正。由于指针弯曲变形会摩擦流量计的指示面板，因而常造成流量计指示反应迟钝。

② 流量计在没有流量时不能回到零位

a. 产生的原因

（a）流量计转子被导向套卡住；

（b）流量计安装的垂直度不符合要求；

（c）流量计指示机构的平衡锤变位。

b. 维修措施

（a）转子在一般情况下不会被导向套卡住，出现这种情况是因为异物黏附在导向套上，卡住转子，须清除附着物；

（b）流量计安装的倾斜度过大，会使转子与导向套产生摩擦，造成无流量时指针不能回到零位，在安装流量计时垂直度应在 2°之内。如果不符合要求应该修整工艺管道；

（c）打开指示机构的盖板对平衡锤的位置重新定位，进行此项工作后必须规定对流量计进行调整。

③ 流量计指示振荡

a. 产生的原因

(a) 与流量计相连的工艺管线有振动现象存在;

(b) 所测量的介质有脉冲流动,造成转子来回摆动,从而影响指示。

b. 维修措施

(a) 对流量计前后加装固定支架,把振动幅度尽量减少;

(b) 这种情况不但影响变送器的指示及信号变送,而且会造成转子损坏,严重情况下会造成不能有效地测量流量,应根据具体情况与工艺人员协商采取防止脉冲流动措施。

5. 转子流量计在使用中应注意的问题

(1) 如果被测介质不容易产生黏附或积聚现象,一般情况下不需要清洗浮子;如果被测介质容易产生黏附或积聚现象,则应根据当时的流量计运行情况,确定清洗转子的周期。

(2) 对于转子流量计的指示机构及信号变送器,在打开后安装时,一定要注意把密封圈放置正确并紧固,一旦水或腐蚀性液体、气体渗入,会腐蚀指示机构及信号变送器的内部线路板,缩短转子流量计的使用寿命。

(3) 当转子被卡住时,不要用金属工具大力敲打转子流量计的锥形管,可以用木块轻轻振动锥形管。

4.3.4 涡轮流量计

1. 涡轮流量计的工作原理

涡轮流量计的工作原理是在管道中安装一个自由转动的涡轮,两端由轴承支承。当流体流过管道时,冲击涡轮叶片,对涡轮产生驱动力矩,使涡轮克服摩擦力矩和流体阻力矩而产生旋转。在一定的流量范围内,对一定的流体介质黏度,涡轮的旋转角速度与流体流速成正比。由此,流体流速可通过涡轮的旋转角速度得到,从而可以计算得到通过管道的流体流量。涡轮的转速通过装在机壳外的传感线圈来检测。当涡轮叶片切割由壳体永久磁钢产生的磁力线时,就会引起传感线圈中的磁通变化。传感线圈将检测到的磁通周期变化信号送入前置放大器,对信号进行放大、整形,产生与流速成正比的脉冲信号,送入单位换算与流量计算电流得到并显示累积流量值;同时亦将脉冲信号送入频率电流转换电路,将脉冲信号转换成模拟电流量,进而指示瞬时流量值。

2. 涡轮流量计的特点

具有精度高、重复性好、无零点漂移、高量程比等优点。涡轮流量计拥有高质量轴承、特别设计的导流片,因此极大降低了磨损,对峰值不敏感,甚者恶劣的条件下也可以给出可靠的测量变量。

3. 涡轮流量计的使用及调整

(1) 使用时,应保持被测液体清洁,不含纤维和颗粒等杂质。

(2) 传感器在开始使用时,应先将传感器内缓慢地充满液体,然后再开启出口阀门,严禁传感器处于无液体状态时受到高速流体的冲击。

(3) 传感器的维护周期一般为半年。检修清洗时,请注意勿损伤测量腔内的零件,特别是叶轮。装配时请看好导向件及叶轮的位置关系。

(4) 传感器不用时,应清洗内部液体,且在传感器两端加上防护套,防止尘垢进入,然后置于干燥处保存。

(5) 配用时的过滤器应定期清洗;不用时则应清洗内部的液体,同传感器一样,加防尘套,置于干燥处保存。

(6) 传感器的传输电缆可架空或埋地设置(埋地时应套上铁管)。

(7) 在传感器安装前,先与显示仪表或示波器接好连线,通电源,用口吹或手拨叶轮,使其快速旋转,观察有无显示,当有显示时再安装传感器;若无显示,应检查有关各部分,排除故障。

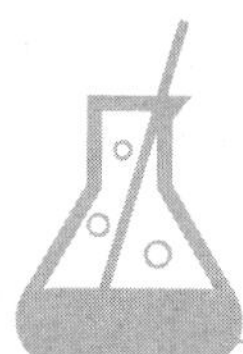

第五章 化工原理实验内容

5.1 化工流动过程综合实验

5.1.1 实验目的

1. 学习实验管路内流体流动的直管阻力引起的压降 Δp_f 和直管摩擦系数 λ 的测定方法。

2. 掌握实验管路内流体流动的直管摩擦系数 λ 与雷诺数 Re 和相对粗糙度 ε/d 之间的关系及变化规律。

3. 在本实验压差测量范围内，掌握阀门的局部摩擦阻力引起的压降 $\Delta p_f'$，局部阻力系数 ξ 的测定方法。

4. 熟悉离心泵的结构及操作方法。

5. 掌握离心泵特性曲线和管路特性曲线的测定方法、表示方法，加深对离心泵性能的了解。

6. 了解文丘里流量计及涡轮流量计的构造及工作原理。

5.1.2　实验内容

1. 测定实验管路内流体流动的直管阻力引起的压降 Δp_f 和直管摩擦系数 λ。

2. 测定实验管路内流体流动的直管摩擦系数 λ 与雷诺数 Re 和相对粗糙度之间的关系曲线。

3. 测定管路部件局部摩擦阻力引起的压降 $\Delta p_f'$ 和局部阻力系数 ξ。

4. 熟悉离心泵操作方法，测定某型号离心泵在一定转速下，H（扬程）、N（轴功率）、η（效率）与 Q（流量）之间的特性曲线。

5. 测定流量调节阀某一开度下的管路特性曲线。

6. 测定文丘里流量计的流量标定曲线。

7. 测定文丘里流量计的雷诺数 Re 和流量系数 C_0 的关系。

5.1.3　实验原理

1. 直管摩擦系数 λ 与雷诺数 Re 的测定

直管摩擦系数 λ 是雷诺数 Re 和相对粗糙度 ε/d 的函数，即 $\lambda=f(Re,\varepsilon/d)$，对一定的相对粗糙度而言，$\lambda=f(Re)$。

流体在一定长度等直径的水平圆管内流动时，其管路阻力引起的能量损失为

$$h_f=\frac{p_1-p_2}{\rho}=\frac{\Delta p_f}{\rho} \tag{5-1}$$

又因为直管摩擦系数与阻力损失之间有如下关系（范宁公式）：

$$h_f=\frac{\Delta p_f}{\rho}=\lambda\ \frac{l}{d}\cdot\frac{u^2}{2} \tag{5-2}$$

整理式（5-1）、式（5-2）得

$$\lambda=\frac{2d}{\rho\cdot l}\cdot\frac{\Delta p_f}{u^2} \tag{5-3}$$

$$Re=\frac{du\rho}{\mu} \tag{5-4}$$

式中：d——管径，m；

l——管长，m；

ρ——流体密度，kg/m^3；

Δp_f——直管阻力引起的压降，N/m^2；

u——流体流速，m/s；

μ——流体黏度，$N \cdot s/m^2$；

λ——直管摩擦系数；

Re——雷诺数。

在实验装置中，直管段管长 l 和管径 d 都已固定。若水温一定，则水的密度 ρ 和黏度 μ 也是定值。所以本实验实质上是测定直管段流体阻力引起的压降 Δp_f 与流速 u(流量 Q)之间的关系。

根据实验数据和式(5-3)可计算出不同流速下的直管摩擦系数 λ，用式(5-4)计算对应的 Re，整理出直管摩擦系数和雷诺数的关系，绘制 λ 与 Re 的关系曲线。

2. 局部阻力系数 ξ 的测定

$$h_f' = \frac{\Delta p_f'}{\rho} = \xi \frac{u^2}{2} \tag{5-5}$$

$$\xi = \left(\frac{2}{\rho}\right) \cdot \frac{\Delta p_f'}{u^2} \tag{5-6}$$

式中：ξ——局部阻力系数，量纲为 1；

$\Delta p_f'$——局部阻力引起的压降，Pa；

h_f'——局部阻力引起的能量损失，J/kg。

局部阻力引起的压降 $\Delta p_f'$ 可用下面的方法测量：在一条各处直径相等的直管段上，安装待测局部阻力的阀门，在其上、下游开两对测压口 $a-a'$ 和 $b-b'$，如图 5-1 所示，使得

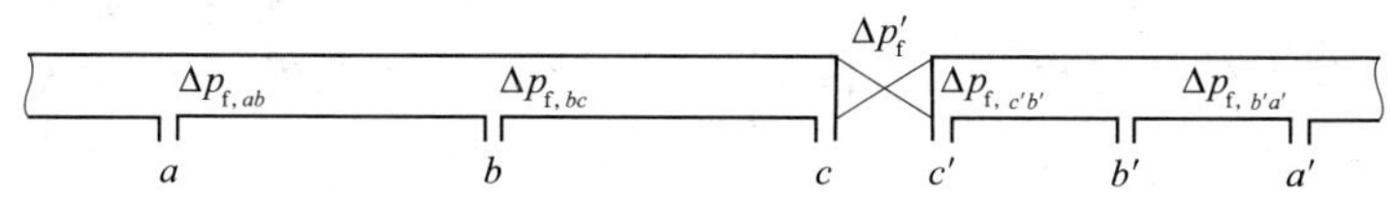

图 5-1 局部阻力测量取压口布置图

$$ab = bc$$

$$a'b' = b'c'$$

则

$$\Delta p_{f,ab} = \Delta p_{f,bc}$$

$$\Delta p_{f,a'b'} = \Delta p_{f,b'c'}$$

在 $a-a'$之间列伯努利方程式：

$$p_a - p_{a'} = 2\Delta p_{f,ab} + 2\Delta p_{f,a'b'} + \Delta p'_f \tag{5-7}$$

在 $b-b'$之间列伯努利方程式：

$$\begin{aligned} p_b - p_{b'} &= \Delta p_{f,bc} + \Delta p_{f,b'c'} + \Delta p'_f \\ &= \Delta p_{f,ab} + \Delta p_{f,a'b'} + \Delta p'_f \end{aligned} \tag{5-8}$$

联立式(5-7)和式(5-8)，则

$$\Delta p'_f = 2(p_b - p_{b'}) - (p_a - p_{a'})$$

为了实验方便，称$(p_b - p_{b'})$为近点压差，称$(p_a - p_{a'})$为远点压差，用差压传感器来测量。

3. 离心泵特性曲线

离心泵是最常见的液体输送设备。在一定的型号和转速下，离心泵的压头(扬程)H、轴功率 N 及效率 η 均随流量 Q 而改变。通常通过实验测出 $H-Q$、$N-Q$ 及 $\eta-Q$ 关系，并用曲线表示之，称为离心泵特性曲线。离心泵特性曲线是确定泵的适宜操作条件和选用泵的重要依据。离心泵特性曲线的具体测定方法如下：

(1) 流速的计算

用涡轮流量计测量并计算。

(2) H 的测定

在泵的吸入口和排出口之间列伯努利方程：

$$z_入 + \frac{p_入}{\rho g} + \frac{u_入^2}{2g} + H = z_出 + \frac{p_出}{\rho g} + \frac{u_出^2}{2g} + H_{f,入-出} \tag{5-9}$$

$$H = (z_出 - z_入) + \frac{p_出 - p_入}{\rho g} + \frac{u_出^2 - u_入^2}{2g} + H_{f,入-出} \tag{5-10}$$

式中：$H_{f,入-出}$由泵的吸入口和排出口之间管路内的流体流动阻力引起，与伯努利方程中其他项比较，$H_{f,入-出}$值很小，故可忽略。于是式(5-10)变为

$$H = (z_出 - z_入) + \frac{p_出 - p_入}{\rho g} + \frac{u_出^2 - u_入^2}{2g} \tag{5-11}$$

将测得的$(z_出 - z_入)$和$(p_出 - p_入)$及计算所得的 $u_入$和 $u_出$代入式(5-11)，即可求得 H。

(3) N 的测定

功率表测得的功率为电动机的输入功率。由于泵由电动机直接带动，

传动效率可视为1,所以电动机的输出功率等于泵的轴功率。即

泵的轴功率 N=电动机的输出功率

电动机的输出功率=电动机的输入功率×电动机的效率

泵的轴功率=功率表的读数×电动机的效率

（4）η 的测定

$$\eta=\frac{N_e}{N} \tag{5-12}$$

$$N_e=\frac{HQ\rho g}{1\ 000}=\frac{HQ\rho}{102}(\mathrm{kW}) \tag{5-13}$$

式中：η——泵的效率；

N——泵的轴功率,kW；

N_e——泵的有效功率,kW；

H——泵的压头,m；

Q——泵的流量,m^3/s；

ρ——被测流体(水)的密度,kg/m^3。

4. 管路特性曲线

当离心泵安装在特定的管路系统中工作时,实际的工作压头和流量不仅与离心泵本身的性能有关,还与管路特性有关,也就是说,在液体输送过程中,离心泵和管路二者是相互制约的。

管路特性曲线是指流体流经管路系统的流量与所需压头之间的关系。若将离心泵特性曲线与管路特性曲线画在同一坐标图上,两线交点即为离心泵在该管路的工作点。因此,可通过改变离心泵的转速来改变离心泵特性曲线,从而得出管路特性曲线。离心泵的压头 H 计算同上。

5. 流量计测定

流体通过文丘里流量计时,在上、下游两取压口之间产生压差,它与流量的关系为

$$V_s=C_0A_0\sqrt{\frac{2(p_{上}-p_{下})}{\rho}} \tag{5-14}$$

$$C_0=V_s\Bigg/\left(A_0\sqrt{\frac{2(p_{上}-p_{下})}{\rho}}\right) \tag{5-15}$$

式中：V_s——被测流体(水)的体积流量,m^3/s；

C_0——流量系数，量纲为 1；

A_0——流量计节流孔截面积，m^2；

$p_上-p_下$——流量计上、下游两取压口之间的压差，Pa；

ρ——被测流体（水）的密度，kg/m^3。

用涡轮流量计作为标准流量计来测量体积流量 V_s，每一个流量在压差计上都有一对应的读数，将压差计读数 Δp 和体积流量 V_s 绘制成一条曲线，即流量标定曲线。同时利用式(5-15)整理数据可进一步得到 C_0-Re 关系曲线。

5.1.4 实验装置的基本情况

1. 实验装置及流程示意图

化工流动过程综合实验装置及流程如图 5-2 所示。

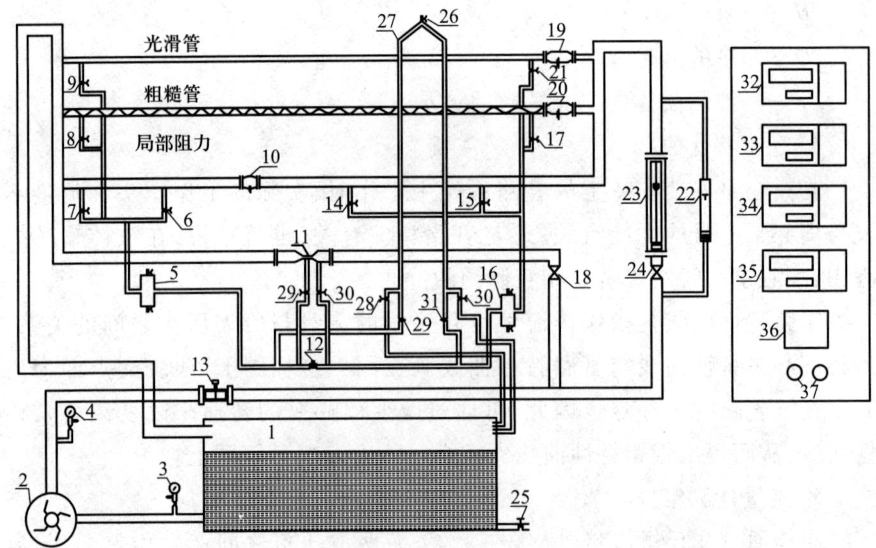

图 5-2 流动过程综合实验装置及流程示意图

1—水箱；2—水泵；3—入口真空表；4—出口压力表；5、16—缓冲罐；6、14—测局部阻力近端阀；7、15—测局部阻力远端阀；8、17—粗糙管测压阀；9、21—光滑管测压阀；10—局部阻力阀；11—文丘里流量计（或孔板流量计）；12—压力传感器；13—涡轮流量计；18—调节阀；19—光滑管阀；20—粗糙管阀；22—小转子流量计；23—大转子流量计；24—流量调节阀；25—水箱放水阀；26—倒 U 形管放空阀；27—倒 U 形管；28、30—倒 U 形管排水阀；29、31—倒 U 形管进出水阀；32—流量表；33—压力表；34—功率表；35—水温表；36—变频调速器；37—电源开关

2. 实验设备主要技术参数

(1) 流体阻力测量设备

① 被测直管段

光滑管　管径：$d=0.0080$（m）；管长：$L=1.710$（m）；材料：不锈钢。

粗糙管　管径：$d=0.010$（m）；管长：$L=1.710$（m）；材料：不锈钢。

② 转子流量计（见表 5-1）

表 5-1　转子流量计型号

型号	测量范围 L/h	精度级
LZB-25	100~1 000	1.5
LZB-10	10~100	2.5

③ 压力传感器　型号：LXWY；测量范围：200 KPa。

④ 数显表　型号：PD139；测量范围：0~200 kPa。

⑤ 离心泵　型号：WB70/055；流量：20~200 L/h；压头：13.5~19 m；电动机功率：550 W；电流：1.35 A；电压：380 V。

(2) 流量计

① 涡轮流量计　型号：LWGY 型；测量单位：m^3/h。

② 文丘里流量计　文丘里喉径：0.020 m；实验管路管径：0.045 m。

(3) 离心泵

① 离心泵流量 $Q=4\ m^3/h$，压头 $H=8$ m，轴功率 $N=168$ W。

② 真空表测压位置管内径 $d_1=0.03$ m。

③ 压力表测压位置管内径 $d_2=0.04$ m。

④ 真空表与压力表测压口之间的垂直距离 $h_0=0.355$ m。

⑤ 电动机效率为 60%。

⑥ 功率表　型号：PS-139；精度：1.0 级。

(4) 压力测量设备

① 泵入口真空度的测量

真空表　表盘直径：约 100 mm；测量范围：-0.1~0 MPa；精度：1.5 级。

② 泵出口压力的测量

压力表　表盘直径：约 100 mm；测量范围：0~0.25 MPa；精度：1.5 级。

(5) 其他测量设备

① 变频器 型号:N2-401-H;规格:0~50 Hz。

② 数显温度计 型号:501BX。

5.1.5 实验方法及步骤

1. 流体阻力测定

(1) 注水

向水箱内注入水至水满为止。(最好使用蒸馏水,以保持流体清洁。)

(2) 光滑管阻力测定

① 关闭粗糙管阀 8、17、20,将光滑管阀 9、19、21 全开,在流量为零条件下,打开通向倒 U 形管的进出水阀 29、31,检查导压管内是否有气泡存在。若倒 U 形管内液柱高度差不为零,则表明导压管内存在气泡,需要进行赶气泡操作。导压系统如图 5-3 所示。

赶气泡操作的具体方法如下:

加大流量,打开倒 U 形管进出水阀 29、31,使倒 U 形管内液体充分流动,以赶出管路内的气泡,若观察气泡已赶净,将流量调节阀 24 关闭,倒 U 形管进出水阀 29、31 关闭,慢慢旋开倒 U 形管上部的放空阀 26 后,分别缓慢打开排水阀 28、30,待液柱降至中点上下时马上关闭,管内形成气-水柱,此时倒 U 形管内两液柱高度差不一定为零。然后关闭放空阀 26,打开倒 U 形管进出水阀 29、31,此时倒 U 形管两液柱的高度差应为零(1~2 mm 的高度差可以忽略),如不为零则表明管路中仍有气泡存在,需要重复进行赶气泡操作。

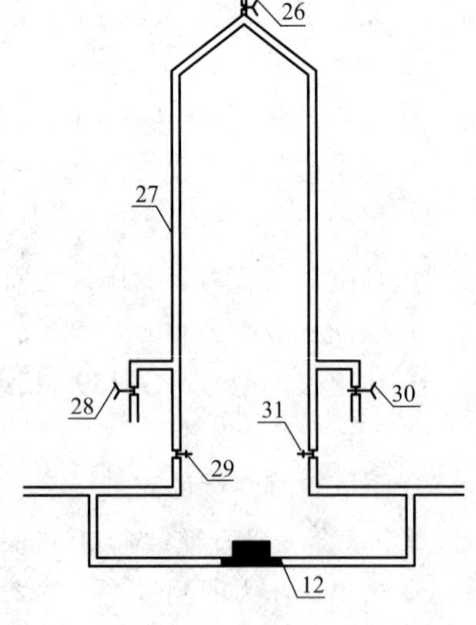

图 5-3 导压系统示意图

② 该装置两个转子流量计并联连接,根据流量大小选择不同量程的转子流量计测量流量。

③ 差压变送器与倒 U 形管亦是并联连接,用于测量压差,小流量时用倒 U 形管压差计测量,大流量时用差压变

送器测量。应在最大流量和最小流量之间进行实验操作，一般测取 15～20 组数据。

（注：在测大流量的压差时应关闭倒 U 形管的进出水阀 29、31，防止水利用倒 U 形管形成回路影响实验数据。）

④ 水泵 2 将水箱 1 中的水抽出，送入实验系统，经转子流量计 22、23 测量流量，然后送入被测直管段测量流体流动阻力，经回流管流回水箱 1。

⑤ 在流量稳定的情况下，测得直管阻力引起的压降。数据顺序可从大流量至小流量，反之也可，一般测取 15～20 组数据，建议当流量读数小于 100 L/h 时，只用空气-水倒 U 形管测压差。

⑥ 待数据测量完毕，关闭流量调节阀，切断电源。

（3）粗糙管阻力测定

关闭光滑管阀，将粗糙管阀全开，从小流量到大流量，测取 15～20 组数据。

（4）水温测量

测取水箱水温。待数据测量完毕，关闭流量调节阀，停泵。

（5）管路局部阻力测定

方法同前。

2. 离心泵性能测定

（1）首先将全部阀门关闭。打开总电源开关，用变频调速器 36 启动离心泵。

（2）缓慢打开调节阀 18 至全开。待系统内流动稳定，即系统内已没有气体，打开压力表和真空表的开关，方可测取数据。

（3）测取数据的顺序可从最大流量至 0，或反之。一般测取 15～20 组数据。

（4）每次测量同时记录：涡轮流量计流量，压力表、真空表、功率表的读数及流体温度。

（5）实验结束后，关闭调节阀，停泵，切断电源。

3. 管路特性的测定

（1）首先将全部阀门关闭。打开总电源开关，用变频调速器 36 启动离心泵。将管路控制调节阀 18 调至全开（使系统的流量为一固定值）。

（2）调节离心泵电动机频率以得到管路特性改变状态，调节范围 50～0 Hz。

[注:利用变频器上(∧)、(∨)和(RESET)键调节频率,调节完成后点击(READ/ENTER)键确认即可。]

(3) 每改变电动机频率一次,记录一下数据:涡轮流量计的流量,泵入口真空度,泵出口压力。

(4) 实验结束后,关闭调节阀,停泵,切断电源。

4. 流量计性能测定

(1) 首先将全部阀门关闭。打开总电源开关,用变频调速器 36 启动离心泵。

(2) 缓慢打开调节阀 18 至全开。待系统内流动稳定,即系统内已没有气体,打开文丘里流量计导压管开关,在涡轮流量计流量稳定的情况下,测得文丘里流量计两端压差。

(3) 测取数据的顺序可从最大流量至 0,或反之。一般测取 15~20 组数据。

(4) 每次测量应记录:涡轮流量计流量频率、文丘里流量计两端压差及流体温度。

5.1.6 实验注意事项

1. 启动离心泵之前和从光滑管阻力测量过渡到其他测量之前,都必须检查所有流量调节阀是否关闭。

2. 启动离心泵后,注意离心泵的转向,反转时要调整 380 V 电源接电顺序,使之正转运行。

3. 利用压力传感器测量大流量下 Δp 时,应切断空气-水倒 U 形管的阀门,否则将影响测量数值的准确度。

4. 在实验过程中每调节一个流量之后应待流量和直管压降的数据稳定以后,方可记录数据。

5. 若之前较长时间没进行实验,启动离心泵时应先盘轴转动,否则易烧坏电动机。

6. 启动离心泵前,必须关闭流量调节阀,关闭压力表和真空表的开关,以免损坏测量仪表。

5.1.7 实验数据表及计算结果

将实验数据及计算结果列于表 5-2~表 5-6 中。

表 5-2 流体阻力实验数据记录

光滑管内径 0.008 0 m　管长 1.710 m

流体温度：　流体密度：　流体黏度：

序号	流量/(L/h)	直管压差 Δp		Δp/Pa	u/(m/s)	Re	λ
		kPa	mmH_2O				
1							
2							
3							
4							
5							
6							
7							
8							
9							
10							
11							
12							
13							
14							
15							
16							
17							
18							
19							
20							

表 5-3 流体阻力实验数据记录

粗糙管内径 0.010 m 管长 1.710 m

流体温度： 流体密度： 流体黏度：

序号	流量/(L/h)	直管压差 Δp		Δp/Pa	u/(m/s)	Re	λ
		kPa	mmH_2O				
1							
2							
3							
4							
5							
6							
7							
8							
9							
10							
11							
12							
13							
14							
15							
16							
17							
18							
19							
20							

表 5-4 离心泵性能测定实验数据记录

序号	涡轮流量计 m^3/h	入口压力 p_1 MPa	出口压力 p_2 MPa	电动机功率 kW	流量 Q m^3/h	压头 H m	泵轴功率 N W	η %
1								
2								
3								
4								
5								
6								
7								
8								
9								
10								
11								
12								
13								
14								
15								

表 5-5 离心泵管路特性曲线

序号	涡轮流量计 m^3/h	电动机频率 Hz	入口压力 p_1 MPa	出口压力 p_2 MPa	流量 Q m^3/h	压头 H m
1						
2						
3						
4						
5						
6						
7						

续表

序号	涡轮流量计 m^3/h	电动机频率 Hz	入口压力 p_1 MPa	出口压力 p_2 MPa	流量 Q m^3/h	压头 H m
8						
9						
10						
11						
12						
13						
14						
15						

表 5-6 流量计性能测定实验数据记录

序号	涡轮流量计 m^3/h	文丘里流量计 kPa	文丘里流量计 Pa	流量 Q m^3/h	流速 u m/s	Re	C_0
1							
2							
3							
4							
5							
6							
7							
8							
9							
10							
11							
12							
13							
14							
15							

5.1.8 实验报告要求

1. 将原始数据和数据处理结果汇总于表 5-2~表 5-6 中，并将每表中计算过程以一组数据为例列出计算示例。

2. 将表 5-2、表 5-3 测定的 $\lambda-Re$ 数据标绘到双对数坐标纸上。

3. 将表 5-4、表 5-5 测定的值标绘到直角坐标纸上。

5.1.9 思考题

1. 实验前为什么要赶尽设备和测压管中的空气？如何检查系统中空气已赶尽？

2. 以水作介质所测得的 $\lambda-Re$ 关系能否适用于其他流体？如何应用？

3. 在不同设备上（包括不同管径），不同水温下测定的 $\lambda-Re$ 数据能否关联在同一条曲线上？

4. 试从所测实验数据分析离心泵在启动时为什么要关闭出口阀门？

5. 启动离心泵之前为什么要引水灌泵？如果灌泵后依然启动不起来，可能的原因是什么？

6. 为什么用泵出口阀调节流量？这样做有何优缺点？可有其他方法？

5.2 板框过滤常数测定实验

5.2.1 实验目的

1. 了解板框压滤机的构造、过滤工艺流程和操作方法。

2. 掌握恒压过滤常数 K、单位过滤面积上的虚拟滤液体积 q_e 和虚拟过滤时间 θ_e 的测定方法，加深对 K, q_e, θ_e 的概念和影响因素的理解。

3. 学习滤饼的压缩性指数 s 和物料特性常数 k 的测定方法。

4. 学习 $\frac{d\theta}{dq}-q$ 一类关系的实验确定方法。

5.2.2 实验内容

测定不同压力下恒压过滤的过滤常数 K、单位过滤面积上的虚拟滤液体积 q_e 和虚拟过滤时间 θ_e。

5.2.3 实验原理

过滤是利用过滤介质进行液-固系统分离的过程，过滤介质通常采用带有许多毛细孔的物质，如帆布、毛毯、多孔陶瓷等。含有固体颗粒的悬浮液在一定压力的作用下，液体通过过滤介质，固体颗粒被截留在过滤介质表面上，从而使液、固两相分离。

在过滤过程中，由于固体颗粒不断地被截留在过滤介质表面上，滤饼厚度不断增加，液体流过固体颗粒之间的孔道加长，从而使液体流动阻力增加。在恒压过滤时，过滤速率逐渐下降。随着过滤的进行，要得到相同的滤液量，则过滤时间增加。

恒压过滤方程：

$$(q+q_e)^2=K(\theta+\theta_e) \tag{5-16}$$

式中：q——单位过滤面积获得的滤液体积，m^3/m^2；

q_e——单位过滤面积获得的虚拟滤液体积，m^3/m^2；

θ——实际过滤时间，s；

θ_e——虚拟过滤时间，s；

K——过滤常数，m^2/s。

将式(5-16)进行微分可得

$$\frac{d\theta}{dq}=\frac{2}{K}q+\frac{2}{K}q_e \tag{5-17}$$

这是一个直线方程式，在直角坐标上标绘$\frac{d\theta}{dq}$-q 关系，可得直线，其斜率为$\frac{2}{K}$，截距为$\frac{2}{K}q_e$，由此法可求出 K，q_e。至于 θ_e可由下式求出：

$$q_e^2=K\theta_e \tag{5-18}$$

当各数据点的时间间隔不大时，$\frac{d\theta}{dq}$可用增量之比$\frac{\Delta\theta}{\Delta q}$来代替。

过滤常数的定义式：

$$K=2k\Delta p^{1-s} \tag{5-19}$$

两边取对数：

$$\lg K=(1-s)\lg \Delta p+\lg(2k) \tag{5-20}$$

因为$k=\frac{1}{\mu r'v}$=常数，故K与Δp的关系在对数坐标上标绘时应该是一条直线，直线的斜率为$(1-s)$，由此可得滤饼的压缩性指数s，然后代入式(5-19)，求物料特性常数k。

5.2.4 实验装置的基本情况

1. 实验装置及流程示意图

板框过滤常数测定实验装置及流程如图 5-4 所示。

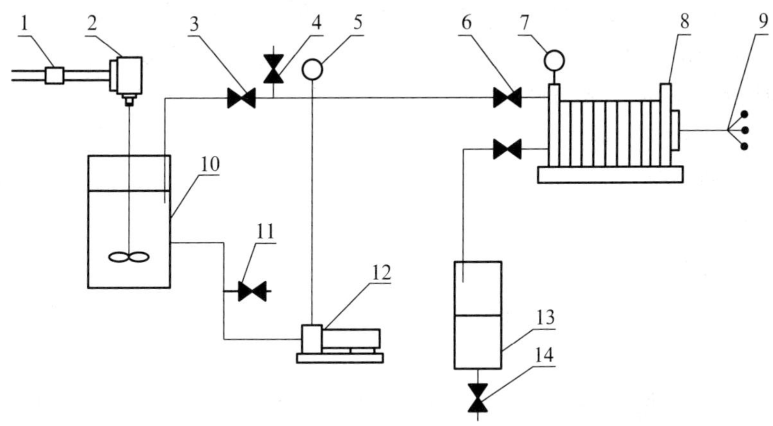

图 5-4 板框过滤常数测定实验装置及流程示意图

1—调速器；2—电动搅拌器；3、4、6、11、14—阀门；5、7—压力表；8—板框过滤板；9—压紧装置；10—滤浆槽；12—旋涡泵；13—计量桶

滤浆槽内配有一定含量的轻质碳酸钙悬浮液（含量在 2%～4%），用电动搅拌器进行均匀搅拌（浆液不出现旋涡为好）。启动旋涡泵，调节阀门 3 使压力表 5 指示在规定值。滤液在计量桶内计量。

2. 实验设备主要技术参数

板框过滤板:160 mm×180 mm×11 mm。

滤布:过滤面积 0.047 5 m^2。

计量桶:长 327 mm、宽 286 mm。

搅拌器:型号 KDZ-1;功率 160 W;转速 3 200 r/min。

5.2.5 实验方法及步骤

1. 系统接上电源,打开电动搅拌器 2 电源开关,启动电动搅拌器 2 将滤浆槽 10 内浆液搅拌均匀。

2. 板框过滤机板和框的排列顺序为:固定头—非洗涤板—框—洗涤板—框—非洗涤板—可动头。用压紧装置压紧后待用。

3. 使阀门 3 处于全开,阀门 4、6、11 处于全闭状态。启动旋涡泵 12,调节阀门 3 使压力表 5 达到规定值。

4. 待压力表 5 稳定后,打开过滤入口阀门 6,且同时打开与入口阀门 6 相对角的阀门,过滤开始。当计量桶 13 内见到第一滴液体时按表计时。记录滤液高度每增加 10 mm 时所用的时间。当计量桶 13 读数为 160 mm 时停止计时,并立即关闭入口阀门 6。

5. 打开阀门 3 使压力表 5 指示值下降。开启压紧装置卸下过滤框内的滤饼并放回滤浆槽内,将滤布清洗干净。放出计量桶内的滤液并倒回槽内,以保证滤浆浓度恒定。

6. 改变压力,从步骤 2 开始重复上述实验。

7. 每组实验结束后应用洗水管路对滤饼进行洗涤,测定洗涤时间和洗水量。

8. 实验结束时阀门 11、4 接通自来水,阀门 4 接通下水,关闭阀门 3 对泵及滤浆的进出口管进行冲洗。

5.2.6 实验注意事项

1. 过滤板与框之间的密封垫应注意放正,过滤板与框的滤液进出口对齐。用摇柄把过滤设备压紧,以免漏液。

2. 计量桶的流液管口应贴桶壁,否则液面波动会影响读数。

3. 实验结束时关闭阀门 3。用阀门 11、4 接通自来水对泵及滤浆进出口管进行冲洗。切忌将自来水灌入滤浆槽中。

4. 电动搅拌器为无级调速。使用时首先接上系统电源，打开调速器开关，调速钮一定要由小到大缓慢调节，切勿反方向调节或调节过快而损坏电动机。

5. 启动搅拌前，用手旋转一下搅拌轴以保证搅拌器顺利启动。

5.2.7 实验数据表及计算结果

将实验数据及计算结果列于表 5-7 和表 5-8 中。

表 5-7 过滤实验原始数据及整理数据表

序号	高度/mm	Δq/(m^3/m^2)	q_v/(m^3/m^2)	0.05 MPa			0.10 MPa			0.15 MPa		
				θ/s	$\Delta\theta$/s	$\frac{\Delta\theta}{\Delta q}$	θ/s	$\Delta\theta$/s	$\frac{\Delta\theta}{\Delta q}$	θ/s	$\Delta\theta$/s	$\frac{\Delta\theta}{\Delta q}$
1	50											
2	60											
3	70											
4	80											
5	90											
6	100											
7	110											
8	120											
9	130											
10	140											
11	150											

表 5-8 计算结果表

序号	斜率	截距	压差 Δp/Pa	K/($m^3/(m^2 \cdot s)$)	q_e/(m^3/m^2)	θ_e/s
1						
2						
3						
物料特性常数 k= ；滤饼的压缩性指数 s=						

5.2.8 实验报告要求

以压差______的数据为例。

1. 将原始数据和数据处理结果汇总于表 5-7 和表 5-8 中，并以一组数据为例列出计算过程示例。

2. 由图解法求 K，q_e，θ_e。

5.2.9 思考题

1. 过滤压力由小到大时，实验测得的 K，q_e，θ_e 值的变化规律的特点是什么？为什么？

2. 若过滤压力增加 1 倍，得到同样的滤液量所需的时间是否也减小一半？

3. 滤浆浓度和过滤压力对 K 值有何影响？

5.3 气-汽对流传热综合实验

5.3.1 实验目的

1. 掌握管内流体对流传热系数 α_i 的测定方法。

2. 了解强化传热的基本理论和基本方式。

3. 掌握关联式 $Nu = A\,Re^m\,Pr^{0.4}$ 中常数 A，m 值的确定方法。

5.3.2 实验内容

1. 测定空气在光滑套管内作强制湍流时的对流传热系数 α_i 及其特征关联式。

2. 测定空气在强化套管内作强制湍流时的对流传热系数 α_i' 及其特征

关联式。

3. 应用线性回归分析方法确定关联式 $Nu=A\,Re^{m}\,Pr^{0.4}$ 中的参数 A,m。

5.3.3 实验原理

1. 空气在光滑套管内作强制湍流时的对流传热系数 α_i 及其特征关联式的测定。

(1) 对流传热系数 α_i 的测定

在套管换热器中一边蒸汽冷凝,一边冷空气被加热,空气走管内,蒸汽走管外。对流传热系数 α_i 可以根据牛顿冷却定律,用实验来测定:

$$\alpha_i=\frac{Q_i}{\Delta t_m S_i} \tag{5-21}$$

式中:α_i——管内流体对流传热系数,W/(m^2·℃);

Q_i——管内传热速率,W;

S_i——管内换热面积,m^2;

Δt_m——内壁面与流体间的平均温差,℃。

平均温差 Δt_m 可由下式确定:

$$\Delta t_m=\frac{(t_w-t_{i1})-(t_w-t_{i2})}{\ln\dfrac{t_w-t_{i1}}{t_w-t_{i2}}} \tag{5-22}$$

式中:t_{i1}、t_{i2}——冷流体的入口、出口温度,℃;

t_w——壁面平均温度,℃。

或者 Δt_m 还可由下式确定:

$$\Delta t_m=t_w-\frac{t_1+t_2}{2} \tag{5-23}$$

式中:t_1、t_2——冷流体的入口、出口温度,℃;

t_w——壁面平均温度,℃。

因为套管换热器内管为紫铜管,其导热系数很大,且管壁很薄,故认为内壁温度、外壁温度和壁面平均温度近似相等,用 t_w 来表示。

管内换热面积可由下式确定:

$$S_i=\pi d_i L_i \tag{5-24}$$

式中:d_i——管内径,m;

L_i——传热管测量段的实际长度，m。

由热量衡算式可确定 Q_i：

$$Q_i = W_m C_{pm}(t_2 - t_1) \tag{5-25}$$

其中质量流量由下式求得

$$W_m = \frac{V_m \rho_m}{3\ 600} \tag{5-26}$$

式中：V_m——冷流体在套管内的平均体积流量，m^3/h；

C_{pm}——冷流体的比定压热容，kJ/(kg·℃)；

ρ_m——冷流体的密度，kg/m^3。

C_{pm} 和 ρ_m 可根据定性温度 t_m 查得，$t_m = \frac{t_1 + t_2}{2}$，为冷流体进、出口平均温度。$t_1, t_2, t_w, V_m$ 值可采取一定的测量手段得到。

（2）对流传热系数准数关联式的实验测定

流体在管内作强制湍流，被加热状态，准数关联式的形式为

$$Nu = A\ Re^m Pr^n \tag{5-27}$$

其中：

$$Nu = \frac{\alpha_i d_i}{\lambda_i}$$

$$Re = \frac{u_m d_i \rho_m}{\mu_m}$$

$$Pr = \frac{C_{pm} \mu_m}{\lambda_m}$$

式中物性数据 $\lambda_m, C_{pm}, \rho_m, \mu_m$ 可根据定性温度 t_m 查得。经过计算可知，对于管内被加热的空气，普朗特数 Pr 的变化不大，可以认为是常数，则关联式的形式简化为

$$Nu = A\ Re^m Pr^{0.4} \tag{5-28}$$

这样通过实验确定不同流量下的 Re 与 Nu，然后用线性回归分析方法确定 A 和 m 的值。

壁温的测定是将热电偶焊在内管的外壁的槽内，其值可由数字显示表直接读取。

2. 强化套管换热器传热系数、准数关联式及强化比的测定

强化传热又被学术界称为第二代传热技术，它能减小初设计的传热面积，以减小换热器的体积和质量；提高现有换热器的换热能力；使换热器能

在较低温差下工作;并且能够减少换热器的阻力以减少换热器的动力消耗,更有效地利用能源和资金。强化传热的方法有多种,本实验装置是采用在换热器内管中插入螺旋线圈的方法来强化传热的。

螺旋线圈的结构如图 5-5 所示,螺旋线圈由直径 3 mm 以下的铜丝和钢丝按一定节距绕成。将金属螺旋线圈插入并固定在管内,即可构成一种强化传热管。在近壁区域,流体一方面由于螺旋线圈的作用而发生旋转,另一方面又周期性地受到线圈的螺旋金属丝的扰动,因而可以使传热强化。由于绕制线圈的金属丝直径很细,流体旋流强度也较弱,所以阻力较小,有利于节省能源。螺旋线圈是以线圈节距 H 与管内径 d_i 的比值作为技术参数,该比值是影响传热效果和阻力系数的重要因素。科学家通过实验研究总结出形式为 $Nu=BRe^m$ 的经验公式,其中 B 和 m 的值因螺旋金属丝尺寸的不同而不同。

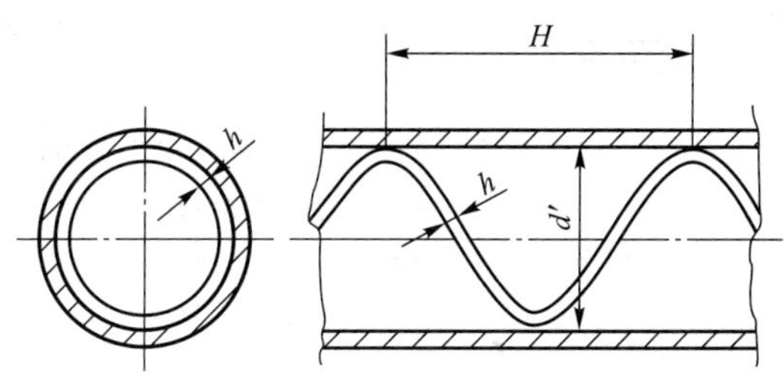

图 5-5 螺旋线圈结构

采用和光滑套管同样的实验方法确定不同流量下的 Re 与 Nu,用线性回归分析方法可确定强化套管 B 和 m 的值。

单纯研究强化手段的强化效果(不考虑阻力的影响),可以用强化比的概念作为评判准则,它的形式是$\frac{Nu}{Nu_0}$,其中 Nu 是强化套管的努塞尔数,Nu_0是光滑套管的努塞尔数。显然,强化比$\frac{Nu}{Nu_0}>1$,而且它的值越大,强化效果越好。

5.3.4 实验装置的基本情况

1. 实验装置及流程示意图

气-汽对流传热,综合实验装置及流程如图 5-6 所示。

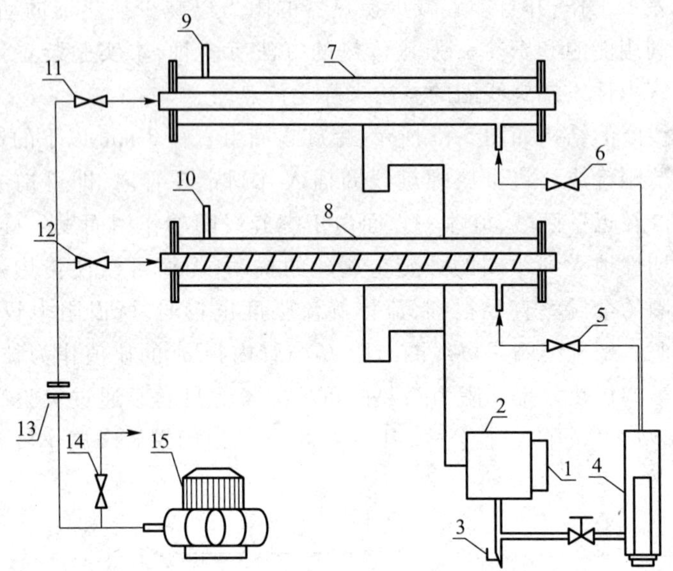

图 5-6　气-汽对流传热综合实验装置及流程示意图

1—液位管；2—储水罐；3—排水阀；4—蒸汽发生器；5—强化套管蒸汽进口阀；6—光滑套管蒸汽进口阀；7—光滑套管换热器；8—内插有螺旋线圈的强化套管换热器；9—光滑套管蒸汽出口；10—强化套管蒸汽出口；11—光滑套管空气进口阀；12—强化套管空气进口阀；13—孔板流量计；14—空气旁路调节阀；15—鼓风机（旋涡气泵）

2. 实验的测量方法

(1) 空气流量的测量

$$V_{t_1}=C_0\times A_0\times\sqrt{\frac{2\times\Delta p}{\rho_{t_1}}} \tag{5-29}$$

式中：C_0——孔板流量计孔流系数，$C_0=0.65$；

A_0——孔的面积，m^2；

d_0——孔板孔径，$d_0=0.014$ m；

Δp——孔板两端压差，kPa；

ρ_{t_1}——空气入口温度（即流量计处温度）下的密度，kg/m^3。

由于换热器内温度的变化，传热管内的体积流量需进行校正：

$$V_m=V_{t_1}\times\frac{273+t_m}{273+t_1} \tag{5-30}$$

式中：V_m——传热管内平均体积流量，m^3/h；

t_m——传热管内平均温度，℃。

(2) 温度的测量

空气进、出口温度采用电偶电阻温度计测得，由多路巡检表以数值形式显示（其中，1—光滑套管空气进口温度；2—光滑套管空气出口温度；3—强化套管空气进口温度；4—强化套管空气出口温度）。壁温采用热电偶温度计测量，光滑套管的壁温由显示表的上排数据读出，强化套管的壁温由显示表的下排数据读出。

(3) 电加热釜

蒸汽发生器的使用体积为 5 L，内装有一支 2.5 kW 的螺电热器，与一储水罐相连（实验过程中要保持储水罐中液位不要低于其容积的二分之一，防止加热器干烧），刚开始实验时用低电压（130 V 左右），加热 10 min 后可以相应地加高电压（150~180 V），约 15 min 后水便沸腾，为了安全和长久使用，建议最高加热（使用）电压不超过 200 V（由仪表调节电压）。

(4) 气源（鼓风机）

鼓风机又称旋涡气泵，型号为 XGB-2，由无锡市仪表二厂生产，电动机功率约 0.75 kW（使用三相电源）。在本实验装置上，产生的最大和最小空气流量基本满足要求。在使用过程中，输出空气的温度呈上升趋势。

3. 实验设备主要技术参数

实验设备主要技术参数见表 5-9。

表 5-9 实验设备主要技术参数

<table>
<tr><td colspan="2">实验内管内径 d_i/mm</td><td>20.0</td></tr>
<tr><td colspan="2">实验内管外径 d_o/mm</td><td>22.0</td></tr>
<tr><td colspan="2">实验外管内径 D_i/mm</td><td>50</td></tr>
<tr><td colspan="2">实验外管外径 D_o/mm</td><td>57.0</td></tr>
<tr><td colspan="2">测量段（紫铜内管）长度 L/m</td><td>1.20</td></tr>
<tr><td rowspan="2">强化套管内插物
（螺旋线圈）尺寸</td><td>丝径 h/mm</td><td>1</td></tr>
<tr><td>节距 H/mm</td><td>40</td></tr>
<tr><td rowspan="2">电加热釜</td><td>操作电压/V</td><td>≤200</td></tr>
<tr><td>操作电流/A</td><td>≤10</td></tr>
</table>

5.3.5 实验方法及步骤

1. 实验前的准备

(1) 向储水罐中加水至液位计上端处。

(2) 检查空气流量旁路调节阀是否全开。

(3) 检查蒸气管支路各控制阀是否已打开,保证蒸汽和空气管线的畅通。关闭光滑管阀,将强化管阀全开,从小流量到大流量,测取 15~20 组数据。

(4) 接通电源总闸,设定加热电压,启动电加热釜开关,开始加热。

2. 实验开始

(1) 关闭通向强化套管的蒸汽进口阀 5,打开通向光滑套管的蒸汽进口阀 6,当光滑套管蒸汽出口 9 有蒸汽冒出时,可启动风机,此时要关闭强化套管空气进口阀 12,打开光滑套管空气进口阀 11。在整个实验过程中始终保持换热器出口处有蒸汽冒出。

(2) 启动风机后用空气旁路调节阀 14 来调节流量,调好某一流量并稳定 5 min 后,分别测量空气的流量,空气进、出口的温度及壁温。然后,改变流量测量下一组数据。一般从最小流量到最大流量之间,要测量 5~6 组数据。

(3) 测量完光滑套管换热器的数据后,要进行强化套管换热器实验。先打开强化套管蒸汽进口阀 5,全部打开空气旁路调节阀 14,关闭光滑套管蒸汽进口阀 6,打开强化套管空气进口阀 12,关闭光滑套管空气进口阀 11,进行强化套管传热实验。实验方法同步骤(2)。

3. 实验结束

实验结束后,依次关闭加热电源、风机和总电源。

5.3.6 实验注意事项

1. 检查蒸汽发生器中的水位是否在正常范围内。特别是每个实验结束后,进行下一个实验之前,如果发现水位过低,应及时补给水量。

2. 必须保证蒸汽上升管线的畅通。即在给蒸汽发生器电压之前,两蒸汽支路阀之一必须全开。在转换支路时,应先开启需要的支路阀,再关闭另一支路，且开启和关闭阀门时必须缓慢，防止管线截断或蒸汽压力过大突然喷出。

3. 必须保证空气管线的畅通。即在接通风机电源之前，两个空气支路控制阀之一和旁路调节阀必须全开。在转换支路时，应先关闭风机电源，再开启和关闭支路阀。

4. 调节流量后，应至少稳定 5 min 后再读取实验数据。

5. 实验中应保持上升蒸汽量的稳定，不要改变加热电压，且必须保证蒸汽放空口一直有蒸汽放出。

5.3.7　实验数据表及计算结果

将实验数据及计算结果列于表 5-10 和表 5-11 中。

表 5-10　光滑套管数据记录整理表

项目	实验序号					
	1	2	3	4	5	6
Δp/kPa						
t_1/℃						
ρ_{t_1}/(kg·m^{-3})						
t_2/℃						
t_w/℃						
t_m/℃						
ρ_{t_m}/(kg·m^{-3})						
$\lambda_m \times 10^2$						
C_{pm}/[kJ·(kg·℃)$^{-1}$]						
$\mu_m \times 10^5$						
t_2-t_1/℃						
Δt_m/℃						
V_{t_1}/(m^3·h^{-1})						
V_m/(m^3·h^{-1})						
u_m/(m·s^{-1})						

续表

项目	实验序号					
	1	2	3	4	5	6
Q_i/W						
α_i/[W·(m^2·℃)$^{-1}$]						
Re						
Nu						
$Nu/(Pr^{0.4})$						

表 5-11 强化套管数据记录整理表

项目	实验序号					
	1	2	3	4	5	6
Δp/kPa						
t_1/℃						
ρ_{t_1}/(kg·m^{-3})						
t_2/℃						
t_w/℃						
t_m/℃						
ρ_{t_m}/(kg·m^{-3})						
$\lambda_m \times 10^2$						
C_{pm}/[kJ·(kg·℃)$^{-1}$]						
$\mu_m \times 10^5$						
t_2-t_1/℃						
Δt_m/℃						
V_{t_1}/(m^3·h^{-1})						
V_m/(m^3·h^{-1})						
u_m/(m·s^{-1})						
Q_i/W						
α_i/[W·(m^2·℃)$^{-1}$]						
Re						
Nu						
$Nu/(Pr^{0.4})$						

5.3.8 实验报告要求

1. 将原始数据和数据处理结果汇总于表 5-10 和表 5-11 中,并以一组数据为例列出计算过程示例。

2. 在同一双对数坐标系中绘制表 5-10 和表 5-11 的 *Nu*-*Re* 关系图。

5.3.9 思考题

1. 实验中,空气和蒸汽的流向对传热效果有何影响?

2. 蒸汽冷凝过程中,若存在不冷凝气体,对传热有何影响?采取什么措施?

3. 实验中,所测定的壁温是靠近蒸汽侧温度还是空气测温度?为什么?

4. 如果采用不同压力的蒸汽进行实验,对关联式有何影响?

5.4 板式精馏塔实验

5.4.1 实验目的

1. 熟悉板式精馏塔的基本构造、精馏流程,观察精馏塔工作时塔板上的水力状况。

2. 学会识别板式精馏塔内出现的几种操作状态,并分析这些操作状态对塔板性能的影响。

3. 学习板式精馏塔性能参数的测量方法,并掌握其影响因素。

5.4.2 实验内容

1. 测定板式精馏塔在全回流连续精馏时,稳定操作后的全塔理论塔板数、总板效率。

2. 测定板式精馏塔在部分回流连续精馏时,稳定操作后的全塔理论塔板数、总板效率。

5.4.3 实验原理

在板式精馏塔中,由塔釜产生的蒸气和沿塔逐板下降的回流液,在塔板上实现多次接触,进行传热和传质,使混合物达到一定程度的分离。

回流是精馏操作得以实现的基础。塔顶的回流量和采出量之比,称为回流比。回流比是精馏操作的重要参数之一,其大小影响着精馏操作的分离效果和能耗。

回流比存在两种极限情况:最小回流比和全回流。若塔在最小回流比下操作,要完成分离任务,则需要有无穷多块塔板的精馏塔。当然,这不符合工业实际,所以最小回流比只是一个操作限度。若操作处于全回流时,既无任何产品采出,也无原料加入,塔顶的冷凝液全部返回塔中,这在生产中无实际意义。但是由于此时所需理论板数最少,又易于达到稳定,故常在工业装置开停车、排除故障、实验验证及科学研究时采用。

实际回流比常采用最小回流比的 1.2~2.0 倍。在精馏操作中,若回流比出现故障,操作情况会急剧恶化,分离效果也将变坏。

塔板效率是反映塔板性能及操作状况的主要参数,有以下两种定义方法。

1. 总板效率 E

$$E=\frac{N}{N_e} \tag{5-31}$$

式中:E——总板效率;

N——理论板数(不包括塔釜);

N_e——实际板数。

总板效率的数值通常由实验测定。总板效率反映全塔各塔板的平均分离效果,常用于板式精馏塔的设计中。

部分回流时,进料热状况参数的计算式为

$$q=\frac{C_{pm}(t_{BP}-t_F)+r_m}{r_m} \tag{5-32}$$

式中:t_F——进料温度,℃;

t_{BP}——进料液体的泡点温度,℃;

C_{pm}——进料液体在平均温度$(t_F+t_{BP})/2$下的摩尔比热容,kJ/(kmol·℃);

r_m——进料液体在其组成和泡点温度下的汽化潜热,kJ/kmol。

$$C_{pm}=C_{p1}M_1x_1+C_{p2}M_2x_2 \tag{5-33}$$

$$r_m=r_1M_1x_1+r_2M_2x_2 \tag{5-34}$$

式中：C_{p1}、C_{p2}——分别为纯组分 1 和纯组分 2 在平均温度下的比热容，kJ/(kg·℃)；

r_1、r_2——分别为纯组分 1 和纯组分 2 在泡点温度下的汽化潜热，kJ/kg；

M_1、M_2——分别为纯组分 1 和纯组分 2 的摩尔质量，kg/kmol；

x_1、x_2——分别为纯组分 1 和纯组分 2 在进料中的摩尔分数。

2. 单板效率 E_m

总板效率反映了塔内全部塔板的平均效率，但它不能反映具体每一块塔板的效率。单板效率有两种表示方法，一种是通过某塔板的气相浓度变化来表示的单板效率，称为气相默弗里单板效率，用 E_{mV} 来表示，计算公式如下：

$$E_{mV}=\frac{y_n-y_{n+1}}{y_n^*-y_{n+1}} \tag{5-35}$$

式中：y_n——离开第 n 块板的气相组成；

y_{n+1}——离开第($n+1$)块板、到达第 n 块板的气相组成；

y_n^*——与离开第 n 块板液相组成 x_n 成平衡关系的气相组成。

以上气、液相的浓度均以摩尔分数表示，只要测出 x_n、y_n、y_{n+1}，并通过平衡关系由 x_n 计算出 y_n^*，则根据式(5-35)就可计算气相默弗里单板效率 E_{mV}。

单板效率的另一种表示方法为经过某块塔板液相浓度的变化，称为液相默弗里单板效率，用 E_{mL} 来表示，计算公式如下：

$$E_{mL}=\frac{x_n-x_{n+1}}{x_n^*-x_{n+1}} \tag{5-36}$$

式中：x_{n-1}——离开第($n-1$)块板到达第 n 块板的液相组成；

x_n——离开第 n 块板的液相组成；

x_n^*——与离开第 n 块板气相组成 y_n 成平衡关系的气相组成。

以上气、液相的浓度均为摩尔分数，只要测出 x_{n-1}、x_n、y_n，并通过平衡关系由 y_n 计算出 x_n^*，则根据式(5-36)就可计算液相默弗里单板效率 E_{mL}。

5.4.4 实验装置的基本情况

1. 实验装置及流程示意图

板式精馏塔实验装置及流程如图 5-7 所示。

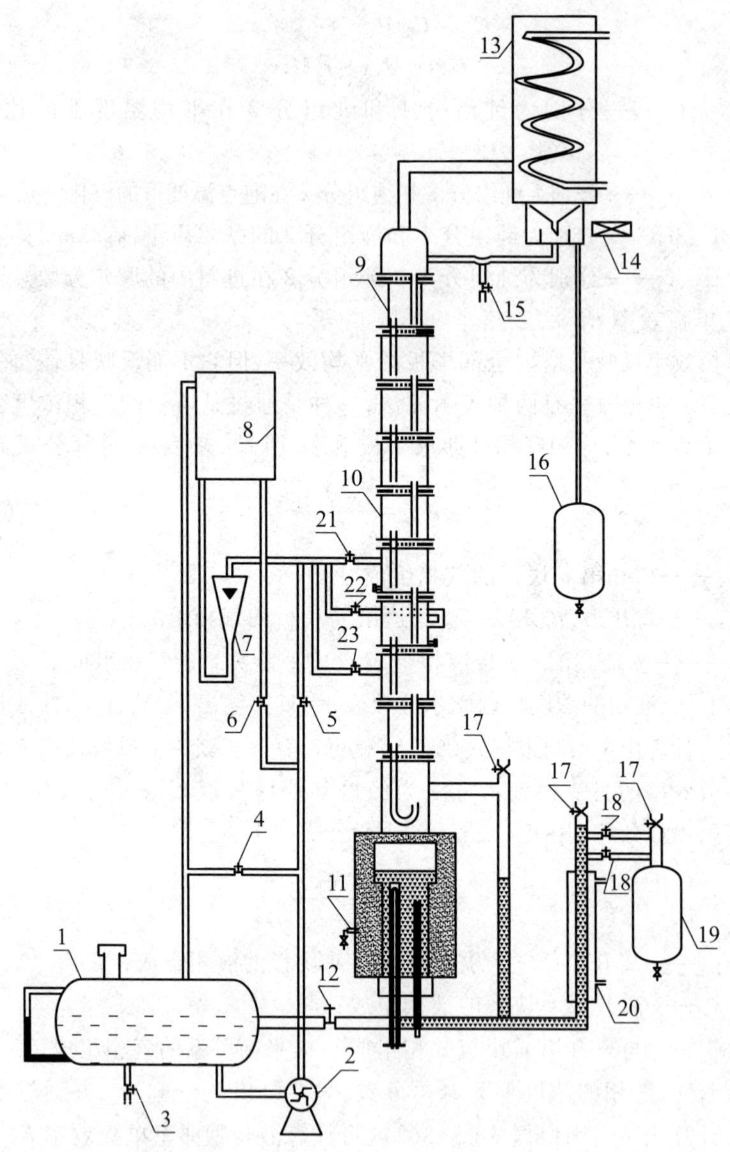

图 5-7 板式精馏塔实验装置及流程示意图

1—储料罐；2—进料泵；3—放料阀；4—料液循环阀；5—直接进料阀；6—间接进料阀；7—流量计；8—高位槽；9—玻璃观察段；10—塔身；11—塔釜取样阀；12—釜液放空阀；13—塔顶冷凝器；14—回流比控制器；15—塔顶取样阀；16—塔顶液回收罐；17—放空阀；18—塔釜出料阀；19—塔釜储料罐；20—塔釜冷凝器；21—第 6 块板进料阀；22—第 7 块板进料阀；23—第 8 块板进料阀

2. 实验设备和测量方法

(1) 主体设备

精馏塔为筛板塔,全塔共有 10 块塔板,塔板由不锈钢板制成,塔高 1.5 m,塔身用内径为 50 mm 的不锈钢管制成,每段为 100 mm,焊上法兰后,用螺栓连在一起,并垫上聚四氟乙烯垫防漏,塔身的第 2 段和第 9 段是用耐热玻璃制成的,以便于观察塔内的操作状况。除了这两段耐热玻璃塔段外,其余的塔段都用玻璃棉保温。降液管是由外径为 8 mm 的不锈钢管制成。筛板的直径为 54 mm,筛孔的直径为 2 mm。塔中装有铂电阻温度计,用来测量塔内气相温度。

塔顶冷凝器和塔釜冷凝器内是直径为 8 mm 做成螺旋状的不锈钢管,外面是不锈钢套管。塔顶的物料蒸气和塔釜产品在不锈钢管外冷凝、冷却,不锈钢管内通冷却水。塔釜用电炉丝进行加热,塔的外部也用玻璃棉保温。

混合液体由储料罐经进料泵直接进料阀处(由高位槽转子流量计计量后)进入塔内。塔釜的液面计用于观察塔釜内的存液量。塔底产品经过冷却器由平衡管流出。回流比控制器用来控制回流比,馏出液储罐接收馏出液。

(2) 回流比的控制

回流比的控制是采用电磁铁吸合摆针方式来实现的。在计算机内编制好通断时间程序就可以控制回流比。

3. 实验设备的主要技术数据

(1) 板式精馏塔

板式精馏塔的设备参数见表 5-12。

表 5-12 板式精馏塔设备参数表

名称	直径/mm	高度/mm	板间距/mm	板数/块	板型、孔径/mm	降液管/mm	材质
塔体	$\phi76\times3.5$	100	100	10	筛板、2.0	$\phi8\times1.5$	不锈钢
塔釜	$\phi100\times2$	300					不锈钢
塔顶冷凝器	$\phi57\times3.5$	300					不锈钢
塔釜冷凝器	$\phi57\times3.5$	300					不锈钢

(2) 物系(乙醇-正丙醇)

① 纯度:化学纯或分析纯。

② 平衡关系：见表 5-13。

③ 料液浓度：15%~25%（乙醇质量分数）。

④ 浓度分析用阿贝折光仪。

表 5-13 乙醇-正丙醇 t-x-y 关系

（组成均以乙醇质量分数表示，x—液相摩尔分数；y—气相摩尔分数）

t/℃	97.60	93.85	92.66	91.60	88.32	86.25	84.98	84.13	83.06	80.50	78.38
x	0	0.126	0.188	0.210	0.358	0.461	0.546	0.600	0.663	0.884	1.0
y	0	0.240	0.318	0.349	0.550	0.650	0.711	0.760	0.799	0.914	1.0

此平衡数据摘自：Gmehling J D，Onken U. Vapor-liguid Equilibrium Data Collection：Organic Hydroxy Compounds：Alcohols.Gesellschaft：DECHEMA，1977：336.

对 30 ℃下质量分数与阿贝折光仪读数之间关系也可按下列回归式计算：

$$W=58.844\,116-42.613\,25\times n_{\mathrm{D}} \tag{5-37}$$

式中：W——乙醇的质量分数；

n_{D}——阿贝折光仪读数（折光指数）。

由质量分数求摩尔分数（$x_{乙醇}$）：

$$x_{乙醇}=\frac{W_{乙醇}/M_{\mathrm{r},乙醇}}{W_{乙醇}/M_{\mathrm{r},乙醇}+(1-W_{乙醇})/M_{\mathrm{r},正丙醇}} \tag{5-38}$$

其中，乙醇相对分子质量 $M_{\mathrm{r},乙醇}=46$，正丙醇相对分子质量 $M_{\mathrm{r},正丙醇}=60$。

5.4.5 实验方法及步骤

1. 实验前准备与检查工作

（1）将与阿贝折光仪配套的超级恒温水浴调整运行到所需的温度，并记下这个温度（如 30 ℃）。检查取样用的注射器和擦镜头纸是否准备好。

（2）检查实验装置上的各个旋塞、阀门均应处于关闭状态。

（3）配制一定浓度（质量分数 20%左右）的乙醇-正丙醇混合液（总容量 15 L 左右），然后倒入储料罐中（或由指导教师在实验前准备好）。

（4）打开直接进料阀 5 和进料泵 2 开关，向精馏塔内加料到指定的高度（冷液面在塔釜总高度的 2/3 处），而后关闭直接进料阀和进料泵开关。

2. 实验操作

(1) 全回流操作

① 打开塔顶冷凝器 13 的冷却水,冷却水量要足够大。

② 记下室温值。合上电源闸(220 V),按下装置上总电源开关。

③ 调解加热电压表至 130 V 左右,待塔板上建立液层时,可适当加大电压,使塔内维持正常操作。

④ 等各块塔板上鼓泡均匀后,保持加热电压不变,在全回流情况下稳定 20 min 左右,期间仔细观察全塔传质情况,待操作稳定后分别在塔顶、塔釜取样口用注射器同时取样,用阿贝折光仪分析样品浓度。

(2) 部分回流操作

① 打开塔釜冷却水。冷却水流量以保证釜馏液温度接近常温为准。

② 打开间接进料阀 6 和进料泵 2,调节进料转子流量计阀,以 2.0~3.0 L/h 的流量向塔内加料;用回流比控制器调节回流比 $R=4$;馏出液收集在塔顶液回收罐 16 中。

③ 塔釜产品经冷却后由溢流管流出,收集在容器内。

④ 等操作稳定后,观察板上传质状况,记下加热电压、塔顶温度等有关数据,整个操作中维持进料流量计读数不变,用注射器取塔顶、塔釜和进料三处样品,用阿贝折光仪分析,并记录进料液的温度(室温)。

(3) 实验结束

① 检查数据合理后,停止加料并关闭加热开关,关闭回流比控制器开关。

② 根据物系的 $t-x-y$ 关系,确定部分回流下进料的泡点温度。

③ 停止加热后 10 min,关闭冷却水,一切复原。

5.4.6 实验注意事项

1. 本实验过程中要特别注意安全,实验所用物料是易燃物,操作过程中应避免物料洒落发生危险。

2. 本实验设备加热功率由仪表自动调解,故在加热时应注意千万不要加热过快,以免发生爆沸(过冷沸腾),使釜液从塔顶冲出。若遇此现象应立即断电,重新加料到指定冷液面,再缓慢升高电压,重新操作。升温和正常操作中塔釜的电功率不能过大。

3. 开车时先开冷却水，再向塔釜供热；停车时则反之。

4. 测浓度用阿贝折光仪。读取折光指数时，一定要同时记其测量温度，并按给定的折光指数-液相组成-测量温度关系（见表5-14）测算有关数据。

5. 为便于对全回流和部分回流的实验结果（塔顶产品和质量）进行比较，应尽量使两组实验的加热电压及所用料液浓度相同或相近。连续开出实验时，在做实验前应将前一次实验时留存在塔釜和塔顶内的料液均倒回原料液瓶中。

6. 阿贝折光仪的使用方法

（1）了解液相组成-折光指数标定曲线的适用温度。

（2）检查超级恒温水浴的触点温度计的设定温度是否在标定曲线的适用温度附近，若不是，则需调整至适用温度。

（3）启动超级恒温水浴，待恒温后，检查阿贝折光仪测量室的温度是否正好等于标定曲线的适用温度。若不是，则应适当调节超级恒温水浴的触点温度计，使阿贝折光仪测量室的温度正好等于标定曲线的适用温度。

（4）用阿贝折光仪测定无水乙醇的折光指数，看阿贝折光仪的“零点”是否正确。

（5）测定某物质的折光指数的步骤如下：

① 测量折光指数时，放置待测液体的薄片状空间可称为“样品室”。测量之前应用镜头将样品室的上下磨砂玻璃表面擦拭干净，以免留有其他物质影响测量精确度。

② 用小烧杯取待测液体，将待测液体滴到磨砂玻璃表面，然后将样品室锁紧（锁紧即可，但不要用力过大）。

③ 调节样品室下方和竖置大圆盘侧面的反光镜，使两镜筒内的视场明亮。

④ 调节旋转竖置大圆盘侧面手轮，使镜筒视场中除黑白两色之外无其他颜色，将镜筒视场中黑白分界线调至斜十字线的中心（如图5-8所示）。

⑤ 调节好后，按阿贝折光仪前方的“Read”键，显示的数值则是实验温度下的折光指数 n_D。

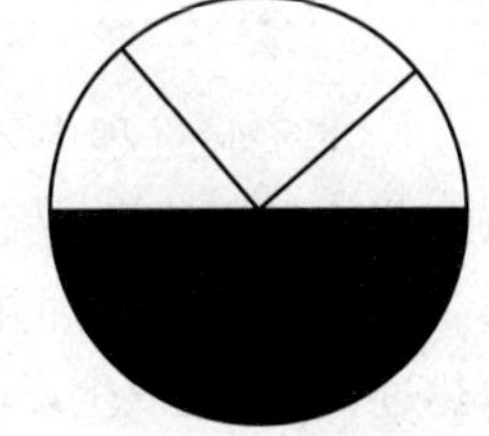

图5-8 阿贝折光仪显示示意图

（6）要注意保持阿贝折光仪的清洁，严禁污染光学零件，必要时可用干净的镜头纸或脱脂棉轻轻地擦拭。如光学零件表面有油垢，可用脱脂棉蘸少许洁净的汽油轻轻地擦拭。

5.4.7 实验数据表及计算结果

将实验数据及计算结果列于表 5-14 中。

表 5-14 精馏实验数据表

<table>
<tr><td colspan="6">实验装置:1　实际塔板数:10　物系:乙醇-正丙醇　阿贝折光仪分析温度:30 ℃</td></tr>
<tr><td rowspan="2"></td><td colspan="2">全回流:$R=\infty$</td><td colspan="3">部分回流:$R=4$　进料量:3 L/h
进料温度:　泡点温度:</td></tr>
<tr><td>塔顶组成</td><td>塔釜组成</td><td>塔顶组成</td><td>塔釜组成</td><td>进料组成</td></tr>
<tr><td>折光指数 n_D</td><td></td><td></td><td></td><td></td><td></td></tr>
<tr><td>质量分数 W</td><td></td><td></td><td></td><td></td><td></td></tr>
<tr><td>摩尔分数 x</td><td></td><td></td><td></td><td></td><td></td></tr>
<tr><td>理论板数</td><td colspan="2"></td><td colspan="3"></td></tr>
<tr><td>总板效率</td><td colspan="2"></td><td colspan="3"></td></tr>
</table>

5.4.8 实验报告要求

1. 将原始数据和数据处理结果汇总于表 5-14 中，并以一组数据为例列出计算过程示例。

2. 用图解法绘制理论板数。

5.4.9 思考题

1. 板式精馏塔的温度分布如何变化？

2. 全回流在板式精馏塔操作中有何实际意义？

3. 如何控制板式精馏塔的正常操作？加热电压过大或过小对操作有什么影响？

5.5　填料吸收塔性能及吸收实验

5.5.1　实验目的

1. 了解填料吸收塔的结构及流体力学性能。
2. 了解填料吸收塔的液泛并测定液泛点和压降的关系。
3. 掌握填料吸收塔传质单元高度 H_{OG}、体积吸收系数 $K_Y a$ 和回收率的测定方法。

5.5.2　实验内容

1. 测定空气通过干填料层时的压降。
2. 测定在有水喷淋填料时，气体通过填料层的压降。
3. 熟悉填料吸收塔操作，观察气、液在填料吸收塔内的流动状况及液泛现象，确定液泛气速。
4. 测量固定气体流量下，水吸收氨气的传质过程。

5.5.3　实验原理

1. 气体通过填料层的压降

压降是塔设计中的重要参数，气体通过填料层压降的大小决定了塔的动力消耗。压降与气、液流量有关，不同喷淋量下的单位填料层高度的压降 $\Delta p/Z$ 与空塔气速 u 的关系如图 5-9 所示。

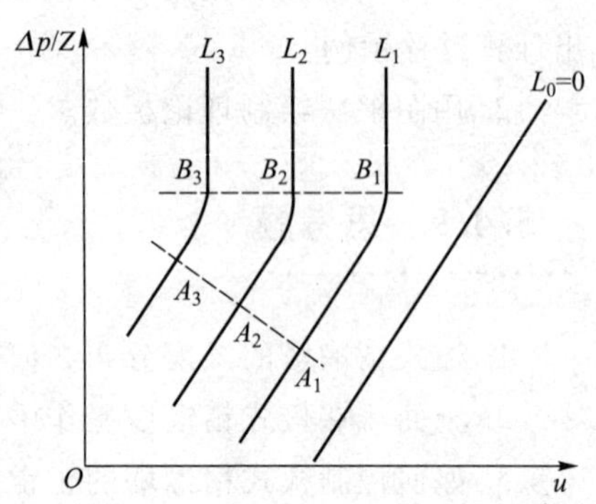

图 5-9　填料层的 $\Delta p/Z-u$ 关系

当无液体喷淋即喷淋量 $L_0=0$ 时，干填料层的 $\Delta p/Z-u$ 关系是直线，如图中的直线 L_0。当有一定的喷淋量时，$\Delta p/Z-u$ 关系变成折线，并存在两个转折点，下转折点称为“载点”，上转折点称为“泛点”。这两个转折点将 $\Delta p/Z-u$ 关系分为三个区段：恒持液量区、载液区与液泛区。

2. 传质性能实验

吸收系数是决定吸收过程速率高低的重要参数，而实验测定是获取吸收系数的根本途径。对于相同的物系及一定的设备（填料类型一定、尺寸一定），吸收系数将随着操作条件及气、液接触状况的不同而变化。可认为气-液平衡关系服从亨利定律，可用方程 $Y^*=mX$ 表示。又因是常压操作，相平衡常数 m 值仅是温度的函数。

（1）N_{OG}、H_{OG}、K_Ya、φ_A 的计算

$$N_{OG}=\frac{Y_1-Y_2}{\Delta Y_m} \tag{5-39}$$

$$\Delta Y_m=\frac{\Delta Y_1-\Delta Y_2}{\ln\dfrac{\Delta Y_1}{\Delta Y_2}} \tag{5-40}$$

$$H_{OG}=\frac{Z}{N_{OG}} \tag{5-41}$$

$$K_Ya=\frac{V}{H_{OG}\Omega} \tag{5-42}$$

$$V=\frac{\text{空气流量}}{22.4}\times\frac{T_0}{T} \tag{5-43}$$

$$\varphi_A=\frac{Y_1-Y_2}{Y_1}\times 100\% \tag{5-44}$$

式中：Z——填料层的高度，m；

H_{OG}——气相总传质单元高度，m；

N_{OG}——气相总传质单元数，量纲为 1；

Y_1、Y_2——分别为进、出口气体中溶质组分的摩尔比，kmolA/kmolB；

ΔY_m——所测填料层两端面上气相推动力的平均值；

ΔY_2、ΔY_1——分别为填料层上、下两端面上气相推动力，$\Delta Y_1=Y_1-mX_1$，$\Delta Y_2=Y_2-mX_2$；

X_2、X_1——分别为进、出口液体中溶质组分的摩尔比，kmolA/kmolS；

m——相平衡常数，量纲为 1；

K_Ya——气相总体积吸收系数，kmol/(m³·h)；

V——空气的摩尔流率,kmolB/h;

Ω——填料塔截面积,m^2,$\Omega=\pi D^2/4$;

φ_A——混合气中氨被吸收的百分率(吸收率),量纲为1。

(2) 操作条件下液体喷淋密度的计算

$$液体喷淋密度\ U=\frac{流体体积流量(m^3/h)}{填料塔截面积(m^2)} \tag{5-45}$$

$$最小喷淋密度的经验值\ U_{min}=0.2\ m^3/(m^2\cdot h) \tag{5-46}$$

5.5.4 实验装置的基本情况

1. 实验主要设备与仪器

实验装置及流程示意图见图5-10。空气由鼓风机1送入空气转子流量计3计量,空气通过流量计处的温度由空气温度计4测量,空气流量由空气流量调节阀2调节。氨气由氨瓶送出,经过氨瓶总阀8送入氨气转子流量计

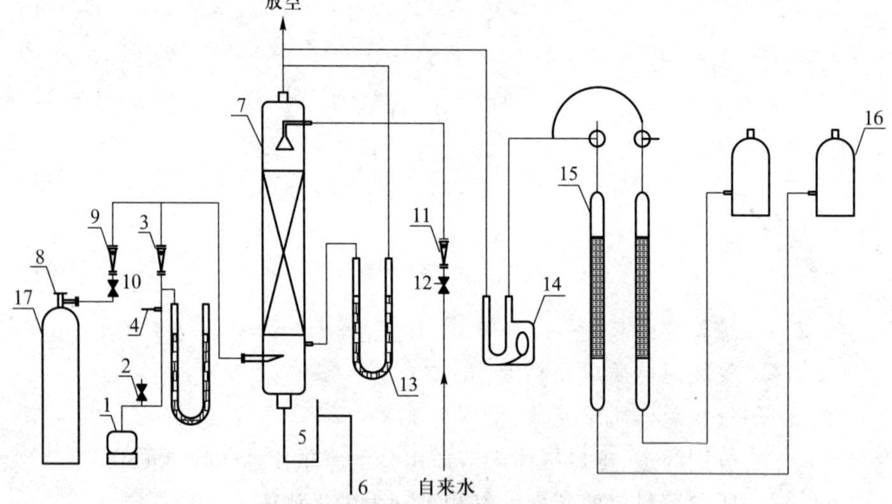

图5-10 填料吸收塔实验装置及流程示意图

1—鼓风机;2—空气流量调节阀;3—空气转子流量计;4—空气温度计;5—液封管;6—吸收液取样口;7—填料吸收塔;8—氨瓶总阀;9—氨气转子流量计;10—氨气流量调节阀;11—水转子流量计;12—水流量调节阀;13—U形管压差计;14—吸收瓶;15—量气管;16—水准瓶;17—氨气瓶

9 计量,氨气通过转子流量计处的温度由实验时大气温度代替,其流量由氨气流量调节阀 10 和液封管 5 调节,然后进入空气管道与空气混合后进入填料吸收塔 7 的底部。水由自来水管经水转子流量计 11 测量流量,水的流量由调节阀 12 调节,然后进入塔顶。分析塔顶尾气浓度时靠降低水准瓶 16 的位置,将塔顶尾气吸入吸收瓶 14 和量气管 15,在吸入塔顶尾气之前,预先在吸收瓶 14 内放入 5 mL 已知浓度的硫酸来吸收尾气中的氨。

吸收液的取样是在塔底吸收液取样口 6 进行。填料层压降用 U 形管压差计 13 测定。

2. 设备参数

(1) 鼓风机

XGB 型旋涡气泵,最大压力 1 176 kPa,最大流量 75 m^3/h。

(2) 填料塔

玻璃管,内装 ϕ10 mm×10 mm 瓷拉西环,填料层高度 $Z=0.4$ m,填料塔内径 $D=0.075$ m。

3. 流量测量

(1) 空气转子流量计

型号 LZB-25,流量范围 2.5~25 m^3/h,精度 2.5 级。

(2) 水转子流量计

型号 LZB-6,流量范围 6~60 L/h,精度 2.5 级。

(3) 氨气转子流量计

型号 LZB-6,流量范围 0.06~0.6 m^3/h,精度 2.5 级。

4. 浓度测量

塔底吸收液浓度分析可采用滴定分析;塔顶尾气浓度分析可采用吸收瓶、量气管、水准瓶确定。

5. 温度测量

Cu50 电阻,温度范围 0~150 ℃,精度 1.0 级。

5.5.5 实验方法及步骤

1. 测量干填料层 $\Delta p/Z-u$ 关系曲线

先全开空气流量调节阀 2,后启动鼓风机 1,用空气流量调节阀 2 调节进塔的空气流量,按空气流量从小到大的顺序读取填料层压降 Δp,记录转子流量计读数和转子流量计处空气温度,测量 7~10 组数据。然后在对数坐标系上以空塔气速 u 为横坐标,以单位塔高度的压降 $\Delta p/Z$ 为纵坐标,标绘干填料层 $\Delta p/Z-u$ 关系曲线。

标准状态下的空气实际流量:

$$V_0=V_1\frac{T_0}{p_0}\sqrt{\frac{p_1p_2}{T_1T_2}} \tag{5-47}$$

式中:V_0——标准状态下空气实际流量,m^3/h;

V_1——空气转子流量计测定流量,m^3/h;

T_0、p_0——分别为标准状态下空气的温度和压力,温度单位 K、压力单位 mmH_2O;

T_1、p_1——分别为标定状态下空气的温度和压力,温度单位 K、压力单位 mmH_2O;

T_2、p_2——分别为操作状态下空气的温度和压力,温度单位 K、压力单位 mmH_2O。

实际空气流量:

$$V_h=V_1\times\sqrt{\frac{(273+t)\times p_n}{(273+20)\times p}} \tag{5-48}$$

空塔气速:

$$u=\frac{V_h}{3\ 600\times(\pi/4)D^2} \tag{5-49}$$

式中:V_1——空气转子流量计测定流量,m^3/h;

t——空气转子流量计处空气温度,℃;

p_n——标准状态下大气压,1.013×10^5 Pa;

p——操作状态下空气压降,mmH_2O;

D——填料塔塔径,m。

2. 测量某喷淋量下填料层 $\Delta p/Z-u$ 关系曲线

当水喷淋量为 30 L/h 时,用上面相同方法读取填料层压降 Δp、空气转子流量计读数和流量计处空气温度,并注意观察塔内的操作现象,一旦看到液泛现象时记下对应的空气转子流量计读数。在对数坐标系上标出水喷淋量为 30 L/h 时 $\Delta p/Z-u$ 关系曲线,确定液泛气速并与观察的液泛气速相比较。

3. 传质性能测定

(1) 选择适应的空气流量和水流量(建议水流量为 30 L/h),根据空气转子流量计读数,保证混合气体中氨组分为 0.02~0.03(摩尔比),计算出氨气流量计流量读数。

(2) 先调节好空气流量和水流量,打开氨瓶总阀 8 调节氨流量,使其达到需要值,在空气、氨气和水的流量不变条件下操作一定时间,过程基本稳定后,记录各流量计读数和温度,记录塔底排出液的温度,并分析塔顶尾气及塔底吸收液的浓度。

标准状态下氨气的实际流量:

$$V_0' = V_1' \frac{T_0}{p_0}\sqrt{\frac{\rho_{01}p_1p_2}{\rho_{02}T_1T_2}} \tag{5-50}$$

式中:V_0'——标准状态下氨气实际流量,m^3/h;

V_1'——氨气转子流量计测定流量,m^3/h;

ρ_{01}——标准状态下空气的密度,1.292 8 kg/m^3;

ρ_{02}——标准状态下氨气的密度,0.770 8 kg/m^3;

T_0、p_0——分别为标准状态下空气的温度和压力,温度单位 K、压力单位 mmH_2O;

T_1、p_1——分别为标定状态下空气的温度和压力,温度单位 K、压力单位 mmH_2O;

T_2、p_2——分别为操作状态下空气的温度和压力,温度单位 K、压力单位 mmH_2O。

(3) 塔顶尾气分析方法

① 排出两个量气管内空气,使其中水面达到最上端的刻度线零点处,并关闭三通旋塞。

② 用移液管向吸收瓶内装入 5 mL 浓度为 0.005 mol/L 左右的硫酸并加入 1~2 滴甲基橙指示液。

③ 将水准瓶移至下方的实验架上,缓慢地旋转三通旋塞,让塔顶尾气通过吸收瓶,旋塞的开度不宜过大,以能使吸收瓶内液体以适宜的速度不断循环流动为限。

从尾气开始通入吸收瓶起就必须始终观察瓶内液体的颜色,中和反应达到终点时立即关闭三通旋塞,在量气管内水面与水准瓶内水面平齐的条件下读取量气管内空气的体积。

若某量气管内已充满空气,但吸收瓶内未达到终点,可关闭对应的三通旋塞,读取该量气管内的空气体积,同时启用另一个量气管,继续让尾气通过吸收瓶。

④ 计算尾气的浓度 Y_2

氨与硫酸的中和反应式为

$$2NH_3+H_2SO_4 = (NH_4)_2SO_4$$

到达化学计量点(滴定终点)时,被滴定物的物质的量 n_{NH_3} 和滴定剂的物质的量 $n_{H_2SO_4}$ 之比为 $n_{NH_3} : n_{H_2SO_4}=2:1$。

$$n_{NH_3}=2n_{H_2SO_4}=2c_{H_2SO_4}V_{H_2SO_4}$$

$$\text{塔底气相浓度 } Y_1=\frac{\text{氨气流量}}{\text{空气流量}} \tag{5-51}$$

$$\text{塔顶气相浓度 } Y_2=\frac{2c_{H_2SO_4}V_{H_2SO_4}\times 22.4}{V_{\text{量气管}}\times(T_0/T_{\text{量气管}})} \tag{5-52}$$

式中:n_{NH_3}、$n_{H_2SO_4}$——分别为氨和硫酸的物质的量;

$c_{H_2SO_4}$——测尾气用硫酸的浓度,mol/L;

$V_{H_2SO_4}$——测尾气用硫酸的体积,mL;

$V_{\text{量气管}}$——量气管内空气的总体积,mL;

T_0——标准状态下热力学温度,273.15 K;

$T_{\text{量气管}}$——操作条件下空气热力学温度,K。

(4) 塔底吸收液的分析方法

① 当尾气分析吸收瓶达中点后即用锥形瓶接取塔底吸收液样品,约 200 mL 并加盖。

② 用移液管取塔底吸收液 10 mL 置于另一个锥形瓶中,加入 2 滴甲基橙指示剂。

③ 将浓度约为 0.05 mol/L 的硫酸置于滴定管内,用以滴定锥形瓶中的塔底吸收液至终点。

④ 塔底吸收液浓度 X_1 的计算

$$\text{塔底吸收液浓度 } X_1=\frac{2c_{H_2SO_4}V_{H_2SO_4}}{V_{NH_3\cdot H_2O}\times 1\,000/18} \tag{5-53}$$

式中:$V_{NH_3\cdot H_2O}$——塔底吸收液体积,mL。

⑤ 加大或减小空气流量,相应的改变氨气流量,使混合气体中氨的浓度与第一次实验时相同,水流量与第一次实验也相同,重复上述操作,测定有关数据。

4. 实验结束

实验完毕后,关闭鼓风机、进水阀门等仪器设备的电源,并将所有仪器设备复原。

5.5.6 实验注意事项

1. 开启氨瓶总阀前,要先关闭氨自动减压阀和氨流量调节阀。开启时开度不宜过大。

2. 启动鼓风机前,务必先全开空气流量调节阀。

3. 传质实验时,水流量不能超过规定范围,否则尾气的氨浓度极低,给尾气分析带来麻烦。

4. 两次传质实验所用的氨浓度必须一样。

5.5.7 实验数据表及计算结果

实验数据及计算结果图表列于图 5-11、表 5-15~表 5-17。

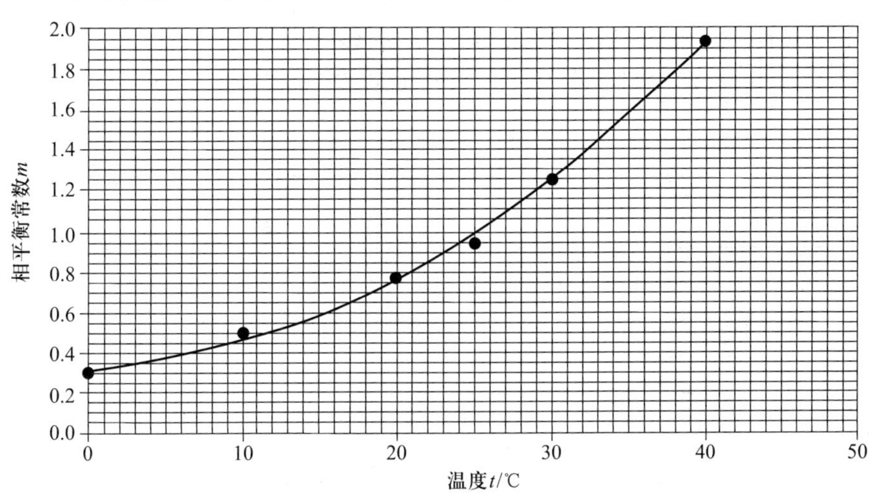

图 5-11 NH_3-H_2O 系统相平衡常数 m-温度 t 的关系

表 5-15　干填料层时 $\Delta p/Z-u$ 数据

装置编号:＿＿＿＿　填料种类:＿＿＿＿　填料层高度: $Z=0.4$ m

塔径: $D=0.075$ m　液体流量: $L=0$

序号	空气转子流量计读数 m^3/h	空气转子流量计处的温度 ℃	填料层压降 mmH_2O	空气转子流量计处压降 Δp mmH_2O	单位高度填料层压降 $\Delta p/Z$ mmH_2O/m	实际空气流量 m^3/h	空塔气速 m/s
1							
2							
3							
4							
5							
6							
7							
8							
9							
10							

表 5-16　某喷淋量下填料层的 $\Delta p/Z-u$ 数据

液体流量: $L=30$ L/h

序号	空气转子流量计读数 m^3/h	空气转子流量计处的温度 ℃	填料层压降 mmH_2O	空气转子流量计处压降 Δp mmH_2O	单位高度填料层压降 $\Delta p/Z$ mmH_2O/m	实际空气流量 m^3/h	空塔气速 m/s	塔内操作现象
1								
2								
3								
4								
5								
6								
7								
8								
9								
10								
11								
12								

表 5-17　填料吸收塔传质实验数据

装置编号：________　填料种类：瓷拉西环　填料尺寸：10 mm×10 mm×1.5 mm

填料层高度：$Z=0.4$ m

塔径：$D=0.075$ m　吸收剂：水　气体混合物：空气和氨的混合气

实验项目		1	2
空气流量	空气转子流量计读数/($m^3\cdot h^{-1}$)		
	空气转子流量计处温度/℃		
	标准状态下空气实际流量/($m^3\cdot h^{-1}$)		
	空气转子流量计处压降 Δp/mmH_2O		
	操作状态下空气的温度/℃		
	操作状态下空气的压力/mmH_2O		
氨气流量	氨气转子流量计读数/($m^3\cdot h^{-1}$)		
	氨气转子流量计处温度/℃		
	标准状态下氨气实际流量/($m^3\cdot h^{-1}$)		
水流量	水流量/($L\cdot h^{-1}$)		
塔顶 Y_2 的测定	测尾气用硫酸的浓度 c/($mol\cdot L^{-1}$)		
	测尾气用硫酸的体积/mL		
	量气管内空气的总体积/mL		
	量气管内空气温度/K		
塔底 X_1 的测定	滴定塔底吸收液用硫酸的浓度/($mol\cdot L^{-1}$)		
	滴定塔底吸收液用硫酸的体积/mL		
	样品体积/mL		
相平衡	塔底液相的温度/℃		
	相平衡常数 m		
填料吸收塔传质实验数据	塔底气相浓度 Y_1/(kmol 氨·kmol 空气$^{-1}$)		
	塔顶气相浓度 Y_2/(kmol 氨·kmol 空气$^{-1}$)		
	塔底液相浓度 X_1/(kmol 氨·kmol 水$^{-1}$)		
	Y_1^*/(kmol 氨·kmol 空气$^{-1}$)		
	平均浓度差 ΔY_m/(kmol 氨·kmol 空气$^{-1}$)		
	气相总传质单元数 N_{OG}		
	气相总传质单元高度 H_{OG}/m		
	空气的摩尔流率 V/($mol\cdot h^{-1}$)		
	气相总体积吸收系数 K_Ya/[$kmol\cdot(m^3\cdot h)^{-1}$]		
	吸收率 φ_A		

5.5.8 实验报告要求

1. 将原始数据和数据处理结果汇总于表 5-15~表 5-17 中,并以一组数据为例列出计算过程示例。

2. 绘制干填料层与某喷淋量下的 $\Delta p/Z-u$ 关系曲线图。

5.5.9 思考题

1. 试分析空塔气速与喷淋密度这两个因素对吸收系数的影响。在实验中,哪个因素是主要的?

2. 提高吸收液浓度的办法有哪些?采用这些方法的同时会带来什么问题?

5.6 液-液萃取塔实验

5.6.1 实验目的

1. 了解液-液萃取塔的结构和塔内操作状况。

2. 掌握液-液萃取塔的操作。

3. 了解引起萃取液泛不正常现象出现的原因及处理方法。

4. 在一定振幅和流量下,测定不同频率时,萃取过程的体积总传质系数和液-液萃取塔的传质单元高度。

5.6.2 实验内容

1. 观察塔的构造,掌握操作流程及设备性能。

2. 以水为萃取剂,萃取煤油中的苯甲酸,计算传质单元数 N_{OE}、传质单元高度 H_{OE} 和体积总传质系数 $K_{YE}a$。

5.6.3 实验原理

往复筛板萃取塔是将若干层筛板按一定间距固定在中心轴上，由塔顶的传动机构驱动而作往复运动。往复筛板萃取塔的效率与塔板的往复频率密切相关。当振幅一定时，在不发生乳化和液泛的前提下，萃取效率随频率的增加而提高。

萃取塔的分离效率可以用传质单元高度 H_{OE} 或理论级当量高度 h_e 表示。影响往复筛板萃取塔分离效率的因素主要有塔的结构尺寸，轻、重两相的流量及往复频率和振幅等。对一定的实验设备（几何尺寸一定、类型一定），在两相流量固定条件下，往复频率增加，传质单元高度降低，塔的分离能力增强。对几何尺寸一定的往复筛板萃取塔来说，在两相流量固定条件下，从较低的往复频率开始增加时，传质单元高度降低，往复频率增加到某值时，传质单元将降到最低值，若继续增加往复频率，将会使传质单元高度反而增加，即塔的分离能力下降。

本实验以水为萃取剂，从煤油中萃取苯甲酸，苯甲酸在煤油中的浓度约为 0.2%（质量分数）。水相为萃取相（用字母 E 表示，在本实验中又称连续相、重相），煤油相为萃余相（用字母 R 表示，在本实验中又称分散相、轻相）。在萃取过程中苯甲酸部分从萃余相转移至萃取相。萃取相及萃余相的进、出口浓度由滴定分析法测定。考虑水与煤油是完全不互溶的，且苯甲酸在两相中的浓度都很低，可认为在萃取过程中两相液体的体积流量不发生变化。

1. 按萃取相计算传质单元数 N_{OE}

$$N_{OE}=\int_{Y_{Et}}^{Y_{Eb}}\frac{dY_E}{Y_E^*-Y_E} \tag{5-54}$$

式中：Y_{Et}——苯甲酸在进入塔顶的萃取相中的质量比组成，kg 苯甲酸/kg 水，本实验中 $Y_{Et}=0$；

Y_{Eb}——苯甲酸在离开塔底的萃取相中的质量比组成，kg 苯甲酸/kg 水；

Y_E——苯甲酸在塔内某一高度处萃取相中的质量比组成，kg 苯甲酸/kg 水；

Y_E^*——与苯甲酸在塔内某一高度处萃余相组成 X_R 成平衡的萃取相中的质量比组成，kg 苯甲酸/kg 水。

用 $Y_E - X_R$ 图上的分配曲线(平衡曲线)与操作线可求得 $\frac{1}{Y_E^* - Y_E} - Y_E$ 关系,再进行图解积分或用辛普森积分法可求得 N_{OE}。

2. 按萃取相计算传质单元高度 H_{OE}

$$H_{OE} = \frac{H}{N_{OE}} \tag{5-55}$$

式中:H——萃取塔的有效高度,m;

H_{OE}——按萃取相计算的传质单元高度,m。

3. 按萃取相计算体积总传质系数 $K_{YE}a$

$$K_{YE}a = \frac{S}{H_{OE}\Omega} \tag{5-56}$$

式中:S——萃取相中纯溶剂的流量,kg 水/h;

Ω——萃取塔截面积,m^2;

$K_{YE}a$——按萃取相计算的体积总传质系数,$\frac{\text{kg 苯甲酸}}{\text{m}^3\cdot\text{h}\cdot\frac{\text{kg 苯甲酸}}{\text{kg 水}}}$。

同理,本实验也可以按萃余相计算 N_{OR}、H_{OR}、$K_{XR}a$。

5.6.4 实验装置的基本情况

1. 实验装置基本情况及流程示意图

液-液萃取塔为往复筛板萃取塔。塔身为硬质硼硅酸盐玻璃管,塔顶和塔底的玻璃管端扩口处,分别通过增强酚醛压塑法兰、橡皮圈、橡胶垫片与不锈钢法兰连接。塔内有 15 个环形隔板将塔分为 16 段,相邻两隔板的间距为 40 mm,每段的中部位置各有在同轴上安装的由 3 片桨叶组成的搅动装置。搅拌转动轴的底端有轴承,顶端亦经轴承穿出塔外与安装在塔顶上的电动机主轴相连。电动机为直流电动机,通过调压变压器改变电动机电枢电压的方法作无级变速。操作时的转速由仪表显示。塔的下部和上部轻、重两相的入口管分别在塔内向下和向上延伸约 200 mm,分别形成两个分离段,轻、重两相将在分离段内分离。萃取塔的有效高度 H 则为轻相入口管管口到两相界面之间的距离。图 5-12 为液-液萃取塔实验装置及流程示意图。

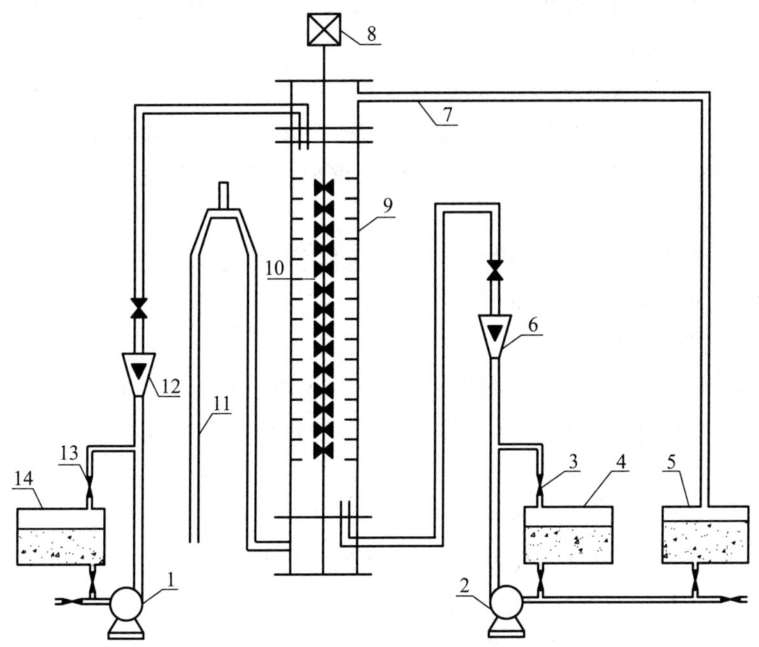

图 5-12 液-液萃取塔实验装置及流程示意图

1—水泵;2—油泵;3—煤油回流阀;4—煤油原料箱;5—煤油回收箱;
6—煤油流量计;7—回流管;8—电动机;9—萃取塔;10—桨叶;
11—π 形管;12—水转子流量计;13—水回流阀;14—水箱

2. 实验设备主要技术参数

(1) 萃取塔的几何尺寸

塔径:$D=37$ mm,塔高=1 000 mm,塔的有效高度:$H=750$ mm。

(2) 水泵、油泵

CQ 型磁力驱动泵　型号:16CQ-8,电压:380 V,功率:180 W,扬程:8 m,吸程:3 m,流量:30 L/min,转速:2 800 r/min。

(3) 转子流量计

型号:LZB-4,流量:1~10 L/h,精度:1.5 级。

5.6.5 实验方法及步骤

1. 在实验装置最左边的储槽内加满水,在最右边的储槽内加满配制好的轻相入口煤油，分别开动水相和煤油相送液泵的电闸，将两相的回流阀打开，使其循环流动。

2. 全开水转子流量计调节阀，将重相（水相）送入塔内。当塔内水面快要上升到重相入口与轻相出口之间的中点时，将水流量调至指定值（4 L/h），并缓慢改变 π 形管高度使塔内液位稳定在重相入口与轻相出口之间的中点左右的位置上。

3. 将调速装置的旋钮调至零位，然后接通电源，开动电动机并调至某一固定的转速。调速时应小心谨慎，慢慢地升速，绝不能调节过量致使电动机产生“飞转”而损坏设备。

4. 将轻相（煤油相）流量调至指定值（6 L/h），并注意及时调节 π 形管的高度。在实验过程中，始终保持塔顶分离段两相的相界面位于重相入口与轻相出口之间的中点左右。

5. 在操作过程中，要绝对避免塔顶的两相界面过高或过低。若两相界面过高，到达轻相出口的高度，则将会导致重相混入轻相储罐。

6. 操作稳定 0.5 h 后用锥形瓶收集轻相进、出口的样品各约 50 ml，重相出口样品约 100 ml，备分析浓度使用。

7. 取样后，即可改变桨叶的转速，其他条件不变，进行第二个实验点的测试。

8. 用滴定分析法测定各样品的浓度。用移液管分别取煤油相 10 ml，水相 25 ml 样品，以酚酞作指示剂，用 0.01 mol/L 左右 NaOH 标准液滴定样品中的苯甲酸。在滴定煤油相时应在样品中加数滴非离子型表面活性剂 AES（脂肪醇聚氨乙烯醚硫酸钠），也可加入其他的非离子型表面活性剂，并激烈地摇动滴定至终点。

9. 实验完毕后，关闭两相流量计。将调速器调至零位，使搅拌轴停止转动，切断电源。滴定分析过的煤油应集中存放回收。洗净分析仪器，一切复原。

5.6.6 实验注意事项

1. 调节桨叶转速时一定要小心谨慎，慢慢地升速，千万不能增速过猛使电动机产生“飞转”而损坏设备。从流体力学性能考虑，若转速太高，容易液泛，操作不稳定。

2. 在整个实验过程中塔顶两相界面一定要控制在轻相出口和重相入口之间的中点位置并保持不变。

3. 由于轻相和重相在塔顶、塔底滞留量很大,改变操作条件后,稳定时间一定要足够长,大约要用 0.5 h,否则误差极大。

4. 煤油的实际体积流量并不等于流量计的读数。需用煤油的实际流量数值时,必须用流量修正公式对流量计的读数进行修正后方可使用。

5. 煤油流量不要太小或太大,流量太小会使煤油出口的苯甲酸浓度太低,从而导致分析误差较大;流量太大会使煤油消耗增加。建议水流量取 4 L/h,煤油流量取 6 L/h。

5.6.7 实验数据表及计算结果

将实验数据及计算结果列于表 5-18 和表 5-19 中。

表 5-18 Y_E 与 $\frac{1}{Y_E^*-Y_E}$ 的数据关系

序号	Y_E	X_R	Y_E^*	$\frac{1}{Y_E^*-Y_E}$
1				
2				
3				
4				
5				
6				
7				
8				
9				
10				
11				

表 5-19 往复筛板萃取塔性能测定数据表

装置序号:________ 塔型:________ 溶质 A:________ 稀释剂 B:________
萃取相:________ 萃余相:________
水相密度:________ 油相密度:________ 流量转子密度 ρ_f:________
塔有效高度:________ 塔内温度:________

<table>
<tr><td colspan="3">实验序号</td><td>1</td><td>2</td></tr>
<tr><td colspan="3">往复频率电压/V</td><td></td><td></td></tr>
<tr><td colspan="3">水转子流量计读数/(L · h^{-1})</td><td></td><td></td></tr>
<tr><td colspan="3">煤油转子流量计读数/(L · h^{-1})</td><td></td><td></td></tr>
<tr><td colspan="3">校正得到的煤油实际流量/(L · h^{-1})</td><td></td><td></td></tr>
<tr><td rowspan="7">浓度分析</td><td colspan="2">NaOH 溶液浓度/(mol · L^{-1})</td><td></td><td></td></tr>
<tr><td rowspan="2">塔底萃余相 X_{Rb}</td><td>样品体积/mL</td><td></td><td></td></tr>
<tr><td>NaOH 用量/mL</td><td></td><td></td></tr>
<tr><td rowspan="2">塔顶萃余相 X_{Rt}</td><td>样品体积/mL</td><td></td><td></td></tr>
<tr><td>NaOH 用量/mL</td><td></td><td></td></tr>
<tr><td rowspan="2">塔底萃取相 Y_{Eb}</td><td>样品体积/mL</td><td></td><td></td></tr>
<tr><td>NaOH 用量/mL</td><td></td><td></td></tr>
<tr><td rowspan="8">计算及实验结果</td><td colspan="2">塔底萃余相浓度 X_{Rb}/(kg 苯甲酸·kg 煤油$^{-1}$)</td><td></td><td></td></tr>
<tr><td colspan="2">塔顶萃余相浓度 X_{Rt}/(kg 苯甲酸·kg 煤油$^{-1}$)</td><td></td><td></td></tr>
<tr><td colspan="2">塔底萃取相浓度 Y_{Eb}/(kg 苯甲酸·kg 水$^{-1}$)</td><td></td><td></td></tr>
<tr><td colspan="2">水流量/(kg 水·h^{-1})</td><td></td><td></td></tr>
<tr><td colspan="2">煤油流量/(kg 煤油·h^{-1})</td><td></td><td></td></tr>
<tr><td colspan="2">传质单元数 N_{OE}(图解积分)</td><td></td><td></td></tr>
<tr><td colspan="2">传质单元高度 H_{OE}/m</td><td></td><td></td></tr>
<tr><td colspan="2">体积总传质系数 $K_{YE}a$/[kg 苯甲酸 · m^{-3} · h^{-1} · (kg 苯甲酸·kg 水)$^{-1}$]</td><td></td><td></td></tr>
</table>

5.6.8 实验报告要求

将原始数据和数据处理结果汇总于表 5-18 和表 5-19 中,并以一组数据为例列出计算过程示例。

5.6.9 思考题

1. 在其他条件不变时，增大往复频率，N_{OE}、H_{OE}、$K_{YE}a$ 如何变化？是否往复频率越大，传质效果越好？

2. 在实验流程中水相出口接的 π 形管有什么作用？

5.7 干燥速率曲线测定实验

5.7.1 实验目的

1. 掌握干燥曲线和干燥速率曲线的测定方法。
2. 学习物料含水量的测定方法。
3. 加深对物料临界含水量 X_c 的概念及其影响因素的理解。
4. 学习恒速干燥阶段物料与空气之间对流传热系数的测定方法。
5. 学习用误差分析方法对实验结果进行误差估算。

5.7.2 实验内容

1. 在固定的空气流量和固定的空气温度下测量一种物料干燥曲线、干燥速率曲线和临界含水量。

2. 测定恒速干燥阶段物料与空气之间的对流传热系数。

5.7.3 实验原理

当湿物料与干燥介质相接触时，物料表面的水分开始汽化，并向周围介质传递。根据干燥过程中不同时间段的特点，干燥过程可分为两个阶段。

第一个阶段为恒速干燥阶段。在过程开始时，由于整个湿物料的湿含量较大，其内部的水分能迅速地到达物料表面。因此，干燥速率由物料表面上水分的汽化速率所控制，故此阶段亦称为表面汽化控制阶段。在此阶段，干燥介质传给物料的热量全部用于水分的汽化,物料表面的温度维持恒定(等于热空气湿球温度),物料表面处的水蒸气分压也维持恒定,故干燥速率恒定不变。

第二个阶段为降速干燥阶段。当物料被干燥达到临界湿含量后,便进入降速干燥阶段。此时,物料中所含水分较少,水分自物料内部向表面传递的速率低于物料表面水分的汽化速率,干燥速率由水分在物料内部的传递速率所控制,故此阶段亦称为内部迁移控制阶段。随着物料湿含量逐渐减少,物料内部水分的迁移速率也逐渐减少,故干燥速率不断下降。

恒速干燥阶段的干燥速率和临界含水量的影响因素主要有:固体物料的种类和性质,固体物料层的厚度或颗粒大小,空气的温度、湿度和流速,空气与固体物料间的相对运动方式。

恒速干燥阶段的干燥速率和临界含水量是干燥过程研究和干燥器设计的重要数据。本实验在恒定干燥条件下对帆布物料进行干燥,测定干燥曲线和干燥速率曲线,目的是掌握恒速干燥速率和临界含水量的测定方法及其影响因素。

在干燥过程中,湿物料中的水分随着干燥时间增长而不断减少。在恒定空气条件(即空气的温度、湿度和流动速度保持不变)下,实验测定物料含水量随时间的变化关系。将其标绘成曲线,即为湿物料的干燥曲线。湿物料含水量可以湿物料的质量为基准(称为湿基含水量),或以绝干物料的质量为基准(称为干基含水量)来表示。

被干燥物料的质量 m:

$$m_i = m_{\mathrm{T},i} - m_{\mathrm{D}} \tag{5-57}$$

$$m_{i+1} = m_{\mathrm{T},i+1} - m_{\mathrm{D}} \tag{5-58}$$

式中:m_{D}——支撑架的质量,g;

m_{T}——被干燥物料和支撑架的"总质量",g;

m——被干燥物料的质量,g。

被干燥物料的干基含水量 X:

$$X_i = \frac{m_i - m_{\mathrm{c}}}{m_{\mathrm{c}}} \tag{5-59}$$

$$X_{i+1} = \frac{m_{i+1} - m_{\mathrm{c}}}{m_{\mathrm{c}}} \tag{5-60}$$

$$X_{AV}=\frac{X_i+X_{i+1}}{2} \tag{5-61}$$

式中：m_c——绝干物料质量，g；

X——物料的干基含水量，kg 水/kg 绝干物料；

X_{AV}——两次记录之间的被干燥物料的平均含水量，kg 水/kg 绝干物料。

$$U=-\frac{m_c\times10^{-3}}{S}\times\frac{\mathrm{d}X}{\mathrm{d}T}=-\frac{m_c\times10^{-3}}{S}\times\frac{X_{i+1}-X_i}{T_{i+1}-T_i}$$

式中：U——干燥速率，kg 水/(m^2·s)。

恒速干燥阶段空气至物料表面的对流传热系数：

$$\alpha=\frac{Q}{S\times\Delta t}=\frac{U_c\gamma_{t_w}\times10^3}{t-t_w}$$

流量计处体积流量 V_t 用下式算出：

$$V_t=c_0\times A_0\times\sqrt{\frac{2\times\Delta p}{\rho_t}} \tag{5-62}$$

式中，c_0——孔板流量计孔流系数，$c_0=0.65$；

A_0——孔的面积，m^2；

d_0——孔板孔径，$d_0=0.040$ m；

V_t——空气入口温度（及流量计处温度）下的体积流量，m^3/h；

Δp——孔板两端压差，kPa；

ρ_t——空气入口温度（及流量计处温度）下的密度，kg/m^3。

干燥试样放置处的空气体积流量：

$$V=V_t\times\frac{273+t}{273+t_0}$$

干燥试样放置处的空气流速：

$$u=\frac{V}{3\ 600\times A}$$

5.7.4 实验装置的基本情况

1. 实验装置及流程示意图

干燥速率曲线测定实验装置及流程如图 5-13 所示。

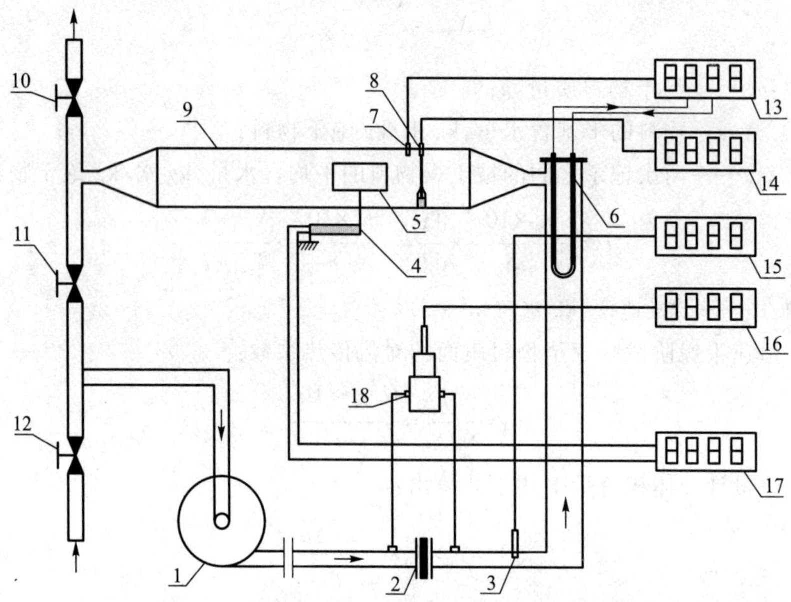

图 5-13　干燥速率曲线测定实验装置及流程示意图

1—中压风机；2—孔板流量计；3—空气进口温度计；4—质量传感器；5—被干燥物料；6—加热器；7—干球温度计；8—湿球温度计；9—洞道干燥器；10—废气排出阀；11—废气循环阀；12—新鲜空气进气阀；13—干球温度显示控制仪表；14—湿球温度显示控制仪表；15—进口温度显示控制仪表；16—流量压差显示仪表；17—质量显示仪表；18—差压变送器

2. 设备及参数

(1) 洞道干燥器

(2) 鼓风机

BYF7132 型三相低噪声中压风机，最大出口风压 1.7 kPa，电动机功率 0.55 kW。

(3) 空气预热器

三个电热器并联，每个电热器的额定功率 450 W，额定电压 220 V。

(4) 质量变送器

量程 0~200 g，精度 0.1 级，输出电压 0~5 V，供电电源 12 V。

(5) 差压变送器

量程 0~10 kPa，精度 0.5 级，输出电流 4~20 mA，供电电源 24 V。

(6) 显示仪表

① 质量显示:输入电压 0~5 V,显示 0~200 g,供电电源 220 V。

② 压差显示:输入电流 4~20 mA,显示 0~10 kPa,供电电源 220 V。

③ 温度显示:Pt100,显示-50~150 ℃,供电电源 220 V。

④ 温度显示控制仪表:Pt50,显示-50~150 ℃,输出电压 0~5 V,供电电源 220 V。

5.7.5 实验方法及步骤

1. 实验前的准备工作

(1) 将被干燥物料试样进行充分的浸泡。

(2) 向湿球温度湿度计的附加蓄水池内,补充适量的水,使池内水面上升至适当位置。

(3) 将被干燥物料的空支架安装在洞道内。

(4) 调节新鲜空气进气阀到全开的位置。

2. 实验操作方法

(1) 按下电源开关的绿色按键,再按风机开关,开动风机。

(2) 调节三个蝶阀到适当的位置,将空气流量调至指定读数(0.70~1.15 m^3/h)。

(3) 在温度显示控制仪表上,利用(<,∨,∧)键调节实验所需温度值(60 ℃)[(SV)窗口显示],此时(PV)窗口所显示的即为干燥器的实际干球温度,按下加热开关,使电热器通电。

(4) 干燥器的流量和干球温度恒定达 5 min 之后(按下加热开关后约 30 min 左右),即可开始实验。此时,读取数字显示仪的读数作为试样支撑架的质量(m_D)。

(5) 将被干燥物料试样从水盆内取出,控去浮挂在其表面上的水分(使用呢子物料时,最好用力挤去所含的水分,以免干燥时间过长。将支架从干燥器内取出,再将支架插入试样内直至尽头)。

(6) 将支架连同试样放入洞道内,并安插在其支撑杆上。注意:不能用力过大,使传感器受损。

(7) 立即按下秒表开始计时,并记录显示仪表上的显示值。然后每隔一段时间(3 min)记录数据一次(记录总质量和时间),直至同样的时间下质量的减少是恒速干燥阶段所用时间的 8 倍时，即可结束实验。注意：最后若发现时间已过去很长，但减少的质量还达不到要求，则可立即记录数据（3 min 内减少 0.1～0.2 g）。

（8）数据采集完后，实验结束先停止加热待干球温度降到 40 ℃以下后关闭风机和总电源。

5.7.6　实验注意事项

1. 在安装试样时，一定要小心保护传感器，以免用力过大造成传感器机械性损伤。

2. 在设定温度给定值时，不要改动其他仪表参数，以免影响控温效果。

3. 为了设备的安全，开车时，一定要先开风机后开空气预热器的电热器；停车时则反之。

4. 突然断电后，再次开启实验时，检查风机开关、电热器开关是否已被按下，如果被按下，请再按一下使其弹起，不再处于导通状态。

5.7.7　实验数据表及计算结果

将实验数据及计算结果列于表 5-20 中。

表 5-20　干燥实验装置实验原始数据及整理数据表

空气孔板流量计读数：____kPa　流量计处的空气温度：____℃　干球温度：____℃
湿球温度：____℃　框架质量：____g　绝干物料质量：____g
干燥面积：____m^2　洞道截面积：____m^2

序号	累计时间 T / min	总重量 m_T / g	干基含水量 X / kg 水/kg 绝干物料	平均含水量 X_{AV} / kg 水/kg 绝干物料	干燥速率 $U\times10^4$ / kg 水/($m^2\cdot s$)
1					
2					
3					
4					
5					

续表

序号	累计时间 T / min	总重量 m_T / g	干基含水量 X / kg水/kg绝干物料	平均含水量 X_{AV} / kg水/kg绝干物料	干燥速率 $U\times10^4$ / kg水/($m^2\cdot s$)
6					
7					
8					
9					
10					
11					
12					
13					
14					
15					
16					
17					
18					
19					
20					
21					
22					
23					
24					
25					
26					
27					
28					
29					
30					
31					
32					
33					

5.7.8　实验报告要求

1. 将原始数据和数据处理结果汇总于表 5-20 中,并以一组数据为例列出计算过程示例。

2. 根据实验结果绘制干燥曲线及干燥速率曲线,明确注明干燥时的实验条件。

5.7.9　思考题

1. 实验过程中干、湿球温度计是否有变化? 为什么?

2. 恒定干燥阶段条件是指什么?

3. 如何判断实验已经结束?

附录

附录一　一些气体溶于水的亨利系数

气体	温度/℃															
	0	5	10	15	20	25	30	35	40	45	50	60	70	80	90	100
	$E/(10^6\ \mathrm{kPa})$															
H_2	5.87	6.16	6.44	6.70	6.92	7.16	7.39	7.52	7.61	7.70	7.75	7.75	7.71	7.65	7.61	7.55
N_2	5.35	6.05	6.77	7.48	8.15	8.76	9.36	9.98	10.5	11.0	11.4	12.2	12.7	12.8	12.8	12.8
空气	4.38	4.94	5.56	6.15	6.73	7.30	7.81	8.34	8.82	9.23	9.59	10.2	10.6	10.8	10.9	10.8
CO	3.57	4.01	4.48	4.95	5.43	5.88	6.28	6.68	7.05	7.39	7.71	8.82	8.57	8.57	8.57	8.57
O_2	2.58	2.95	3.31	3.69	4.06	4.44	4.81	5.14	5.42	5.70	5.96	6.37	6.72	6.96	7.08	7.10
CH_4	2.27	2.62	3.01	3.41	3.81	4.18	4.55	4.92	5.27	5.58	5.85	6.34	6.75	6.91	7.01	7.10

续表

气体	温度/℃															
	0	5	10	15	20	25	30	35	40	45	50	60	70	80	90	100
	$E/(10^6$ kPa)															
NO	1.71	1.96	2.21	2.45	2.67	2.91	3.14	3.35	3.57	3.77	3.95	4.24	4.44	4.54	4.58	4.60
C_2H_5	1.28	1.57	1.92	2.90	2.66	3.06	3.47	3.88	4.29	5.07	5.07	5.72	6.31	6.70	6.96	7.01
	$E/(10^5$ kPa)															
C_2H_4	5.59	6.62	7.78	9.07	10.3	11.6	12.9	—	—	—	—	—	—	—	—	—
N_2O	—	1.19	1.43	1.68	2.01	2.28	2.62	3.06	—	—	—	—	—	—	—	—
CO_2	0.738	0.888	1.05	1.24	1.44	1.66	1.88	2.12	2.36	2.60	2.87	3.46	—	—	—	—
C_2H_2	0.73	0.85	0.97	1.09	1.23	1.35	1.48	—	—	—	—	—	—	—	—	—
Cl_2	0.272	0.334	0.399	0.461	0.537	0.604	0.669	0.74	0.80	0.86	0.90	0.97	0.99	0.97	0.96	—
H_2S	0.272	0.319	0.372	0.418	0.489	0.552	0.617	0.686	0.755	0.825	0.689	1.04	1.21	1.37	1.46	1.50
	$E/(10^4$ kPa)															
SO_2	0.167	0.203	0.245	0.294	0.355	0.413	0.485	0.567	0.661	0.763	0.871	1.11	1.39	1.70	2.01	—

附录二　某些二元物系的气液平衡组成

1. 乙醇-水(p=0.101 MPa)

乙醇的摩尔分数/%		温度/℃	乙醇的摩尔分数/%		温度/℃
液相中	气相中		液相中	气相中	
0.00	0.00	100.0	32.73	58.26	81.5
1.90	17.00	95.5	39.65	61.22	80.7
7.21	38.91	89.0	50.79	65.64	79.8
9.66	43.75	86.7	51.89	65.99	79.7
12.38	47.04	85.3	57.32	68.41	79.3
16.61	50.89	84.1	67.63	73.85	78.74
23.27	54.45	82.7	74.72	78.15	78.41
26.08	55.80	82.3	89.43	89.43	78.15

2. 甲醇-水(p=0.101 MPa)

甲醇的摩尔分数/%		温度/℃	甲醇的摩尔分数/%		温度/℃
液相中	气相中		液相中	气相中	
5.31	28.34	92.9	28.18	67.75	78.0
7.67	40.01	90.3	29.09	68.01	77.8
8.26	43.53	88.9	33.33	59.18	76.7
12.57	48.31	86.6	35.13	73.47	76.2
13.15	54.55	85.0	46.20	77.56	73.8
16.74	55.85	83.2	52.92	79.71	72.7
18.18	57.75	82.3	59.37	81.83	71.3
20.83	62.73	81.6	68.49	84.92	70.0
23.19	64.85	80.2	77.01	89.62	68.0
28.18	67.75	78.0	87.41	91.94	66.9

3. 苯-甲苯(p=0.101 MPa)

苯的摩尔分数/%		温度/℃	苯的摩尔分数/%		温度/℃
液相中	气相中		液相中	气相中	
0.0	0.0	110.6	59.2	78.9	89.4
8.8	21.2	106.1	70.0	85.3	86.8
20.0	37.0	102.2	80.3	91.4	84.4
30.0	50.0	98.6	90.3	85.7	82.3
39.7	61.8	85.2	95.0	97.9	81.2
48.9	71.0	92.1	100.0	100.0	80.2

4. 氯仿-苯(p=0.101 MPa)

氯仿的摩尔分数/%		温度/℃	氯仿的摩尔分数/%		温度/℃
液相中	气相中		液相中	气相中	
10	13.6	79.9	60	75.0	74.6
20	27.2	79.0	70	83.0	72.8
30	40.6	78.1	80	90.0	70.5
40	53.0	77.2	90	96.1	67.0
50	76.0	76.0			

5. 水-醋酸(p=0.101 MPa)

水的摩尔分数/%		温度/℃	水的摩尔分数/%		温度/℃
液相中	气相中		液相中	气相中	
0.0	0.0	118.2	83.3	88.6	101.3
27.0	39.4	108.2	88.6	91.9	100.9
45.5	56.5	105.3	93.0	95.0	100.5
58.8	70.7	103.8	96.8	97.7	100.2
69.0	79.0	102.8	100.0	100.0	100.0
76.9	84.5	101.9			

附录三　乙醇溶液常见参数表

1. 乙醇溶液的物理常数(p=0. 101 MPa)

温度(15 ℃)			沸点 ℃	比热容 kJ/(kg·℃)		比焓 kJ/kg		蒸发潜热 kJ/kg
容积分数/%	质量分数/%	相对密度		α	β	饱和液体焓	干饱和蒸气焓	
10	8. 05	0. 987 6	92. 63	4. 430	0. 008 33	446. 1	2 571. 9	2 135. 9
12	9. 69	0. 984 5	91. 59	4. 451	0. 008 42	447. 1	2 556. 5	2 113. 4
14	11. 33	0. 982 2	90. 67	4. 460	0. 008 46	439. 1	2 529. 9	2 091. 5
16	12. 97	0. 980 2	89. 83	4. 468	0. 008 50	435. 6	2 503. 9	2 064. 9
18	14. 62	0. 978 2	89. 07	4. 472	0. 008 54	432. 1	2 477. 7	2 045. 6
20	16. 28	0. 976 3	88. 39	4. 463	0. 008 58	427. 8	2 450. 9	2 023. 2
22	17. 95	0. 974 2	87. 75	4. 455	0. 008 63	424. 0	2 424. 2	1 991. 1
24	19. 62	0. 972 1	87. 16	4. 447	0. 008 71	420. 6	2 396. 6	1 977. 2
26	21. 03	0. 970 0	86. 67	4. 438	0. 008 84	417. 5	2 371. 9	1 954. 4
28	24. 99	0. 967 9	86. 10	4. 430	0. 009 00	414. 7	2 345. 7	1 930. 9
30	24. 69	0. 965 7	85. 66	4. 417	0. 009 17	412. 0	2 319. 7	1 907. 7
32	26. 40	0. 963 3	85. 27	4. 401	0. 009 42	409. 4	2 292. 6	1 884. 1
34	28. 13	0. 960 8	84. 92	4. 384	0. 009 63	406. 9	2 267. 2	1 860. 9
38	31. 62	0. 955 8	84. 32	4. 346	0. 010 13	402. 4	2 215. 1	1 812. 7
40	33. 39	0. 952 3	84. 08	4. 283	0. 010 4	400. 0	2 188. 4	1 788. 4

注：比热容公式为 $c=\alpha+\beta(t_1+t_2)/2$，单位为 kJ/(kg·℃)。式中：系数 α、β 从表中查出；t_1、t_2 为乙醇溶液的升温范围。乙醇在 78. 3 ℃时的汽化潜热为 855. 24 kJ/kg。

2. 乙醇蒸气的密度及比体积(p=0.101 MPa)

蒸气中乙醇的质量分数 / %	沸点 / ℃	密度 / kg/m^3	比体积 / m^3/kg
70	80.1	1.085	0.921 6
75	79.7	1.145	0.871 7
80	79.3	1.224	0.815 6
85	78.9	1.309	0.763 3
90	78.5	1.396	0.716 8
95	78.2	1.498	0.666 7
100	78.33	1.592	0.622

附录四　化工原理实验习题

1. 选择题

(1) 在测定直管摩擦系数 λ 与雷诺数 Re 关系的实验中,为使 $\lambda-Re$ 的图形线性化,应选择(　　)坐标系。

A. 直角　　B. 双对数　　C. 半对数　　D. 其他

(2) 在进行离心泵特性测定实验时,随着泵出口阀门开大,泵进口处的真空度应该是(　　)。

A. 不变　　B. 减小　　C. 先升后降　　D. 增大

(3) 在蒸汽加热空气的传热实验中,提高总传热系数最有效的方法是(　　)。

A. 提高加热蒸汽的压力　　B. 提高空气的流速

C. 提高加热蒸汽的流速　　D. 除去管内污垢

(4) 在伯努利方程实验中,测压管上的小孔正对水流方向时,测压管中液位的高度代表(　　)。

A. 动压头　　B. 静压头　　C. 位压头　　D. 冲压头

(5) 实验测得的直管摩擦系数 λ 与雷诺数 Re 的关系曲线,适用于(　　)的管道阻力计算。

A. 与实验管径相同　　B. 与实验材料相同

C. 与实验相对粗糙度相同　　D. 任何直径

(6) 某转子流量计,其转子材料为不锈钢,测量密度为 1.2 kg/m^3 的空气时,最大流量为 400 m^3/h。现用它来测量密度为 0.8 kg/m^3 的氨气时,其最大可测量流量约为(　　)。

A. 490 m^3/h　　B. 327 m^3/h　　C. 600 m^3/h　　D. 267 m^3/h

(7) 在过滤实验中,板框过滤机的板和框的装合顺序为(　　)。

A. 从固定头一侧开始,依次为非洗涤板、框和洗涤板

B. 从固定头一侧开始,依次为洗涤板、框和非洗涤板

C. 从固定头一侧开始,依次为框、洗涤板和非洗涤板

(8) 不可压缩流体在等径水平直管中作稳定流动时,由于内摩擦阻力损失的能量是机械能中的(　　)。

A. 势能　　B. 静压能　　C. 热力学能　　D. 动能

(9) 某同学进行离心泵特性曲线测定实验,启动离心泵后,出水管不出水,泵进口处真空表指示真空度很高,他对故障原因做出了正确判断,排除了故障,你认为以下可能的原因中,哪一个是真正的原因?(　　)

A. 水温太高　　B. 真空表坏了

C. 吸入管路堵塞　　D. 排出管路堵塞

(10) 套管冷凝器的管内走空气,管间走饱和蒸汽,如果蒸汽压力一定,空气进口温度一定,则当空气流量增加时,总传热系数应(　　),空气出口温度将(　　)。

A. 增大　　B. 减小　　C. 不变

(11) 精馏操作时,若在 F、x_F、q、R 不变的条件下,将塔顶产品量 D 增加,其结果是(　　)。

A. x_D 下降,x_W 上升　　B. x_D 下降,x_W 不变

C. x_D 下降,x_W 下降　　D. 无法判断

(12) 精馏操作时,若其他操作条件均不变,只将塔顶的过冷液体回流改为泡点回流,则塔顶产品组成 x_D 将(　　)。

A. 变小　　B. 变大　　C. 不变　　D. 不确定

(13) 操作中的吸收塔,若其他操作条件不变,仅降低吸收剂入塔浓度,则吸收率将(　　);当用清水作吸收剂时,其他操作条件不变,仅降低入塔气体浓度,则吸收率将(　　)。

A. 增大　　B. 降低　　C. 不变　　D. 不确定

(14) 对吸收操作有利的条件是(　　)。

A. 温度低,气体分压大时　　B. 温度低,气体分压小时

C. 温度高,气体分压大时　　D. 温度高,气体分压小时

(15) 在一定空气状态下,用对流干燥的方法干燥湿物料时,能除去的水分为(　　),不能除去的水分为(　　)。

A. 结合水分　　B. 非结合水分　　C. 平衡水分　　D. 自由水分

(16) 在一定干燥条件下,物料厚度增加,物料的临界含水量 X_c(　　),而干燥所需的时间(　　)。

A. 增加　　B. 减少　　C. 不变　　D. 不确定

2. 填空题

(1) 随着流体流量的增加,离心泵的各项性能有以下的变化规律:扬程________、轴功率________、效率________。

(2) 在伯努利方程式中,将测压管上的小孔正对水流方向,开大出口阀使管中流速增大,此时可以观察到测压管中液位的高度________,此液位高度的变化表明此时此处的总机械能比流速增大前________。

(3) 对于函数关系中待定常数的确定,只要其相应的实验数据可以在坐标系上被绘制成直线的,均可以采用直线图解法求常数,此外也可以通过________和________求常数。

(4) 在所做的传热实验中,若空气进口温度维持不变,随着空气流量的减少,空气进、出口温差将________,同时壁温将________。

(5) 在进行流体流动过程综合实验时,应先对离心泵进行灌水排气,其原因是实验装置中的泵处于________位置,若泵内存有较多气体,启动泵时会发生________现象。

(6) 实验过程的测量误差包括________、________、________。

(7) 某流体在直管中作层流流动,在流速不变的情况下,管长、管径同时增加一倍,其阻力损失为原来的________倍。

(8) 离心泵在一定转速下有一最高效率点,通常称为________,与最高效率点对应的 Q、H、N 值称为________。离心泵铭牌上标出的性能参数指的是________________的性能参数。

(9) 对恒压过滤,当过滤面积 A 增大一倍时,如滤饼不可压缩,则得到相同滤液量时,过滤速率增大为原来的________倍。

(10) 连续精馏操作时,操作压力越大,对分离越________。

(11) 在气体流量,气相进、出口组成和液相进口组成不变时,若减少吸收剂用量,则操作线将________平衡线,传质推动力将________,若吸收剂用量减至最小吸收剂用量时,设备费用将________。

(12) 选择合适的坐标系将实验数据绘制成直线,有利于常数的确定,对于直线函数宜采用________坐标系,对指数函数宜采用________坐标系。

3. 简答题

(1) 为什么调节离心泵的出口阀可以达到调节管道输送流量的目的?简述此调节方法的利弊。

(2) 在做过的管道阻力实验中,管子是什么材料的?在下面两种情况下测定直管摩擦系数 λ 与雷诺数 Re 的关系,可得到与已得实验曲线一致的结果吗?

① 管子材料不变,改用不同的管径来测定;

② 管子材料不变,改用不同的管长来测定。

(3) 在什么情况下离心泵会发生气缚现象?离心泵产生气蚀的原因及危害。

(4) 在做过的气-汽传热实验中,为什么需要排放蒸汽一侧的不凝气体?如何进行排放操作?

(5) 有哪些因素会影响过滤速率?

(6) 气-汽传热实验中为什么蒸汽走管外,空气走管内?

(7) 进料状态对精馏塔操作有何影响?确定 q 线需要测定哪几个量?

(8) 测定 $\Delta p/Z-u$ 关系曲线和传质系数 K_Ya 需要测定哪几个量?

(9) 测定干燥速率曲线需要测定哪些参数?

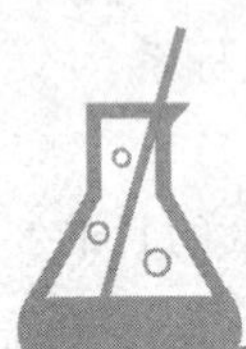

参考文献

［1］张金利，张建伟，郭翠梨，等.化工原理实验.天津：天津大学出版社，2005.

［2］杨祖荣.化工原理实验.2版.北京：化学工业出版社，2014.

［3］赫文秀，王亚雄.化工原理实验.北京：化学工业出版社，2010.

［4］智科端，高俊.化工原理实验.呼和浩特：内蒙古大学出版社，2012.

［5］冯亚云.化工基础实验.北京：化学工业出版社，2000.

［6］刘振学，王力.实验设计与数据处理.2版.北京：化学工业出版社，2015.

［7］厉玉鸣.化工仪表及自动化.5版.北京：化学工业出版社，2014.

［8］吕维忠，刘波，罗仲宽，等.化工原理实验技术.北京：化学工业出版社，2007.

［9］伍钦，邹华生，高贵田.化工原理实验.3版.广州：华南理工大学出版社，2014.

［10］都健.化工原理实验.大连：大连理工大学出版社，2008.

［11］宋长生.化工原理实验.2版.南京：南京大学出版社，2014.

［12］夏清，贾绍义.化工原理：上册.2版.天津：天津大学出版社，2012.

［13］夏清，贾绍义.化工原理：下册.2版.天津：天津大学出版社，2012.

［14］居沈贵，夏毅，武文良.化工原理实验.北京：化学工业出版社，2016.

网络增值服务使用说明

一、注册/登录

访问 http://abook.hep.com.cn/,点击"注册",在注册页面输入用户名、密码及常用的邮箱进行注册。已注册的用户直接输入用户名和密码登录即可进入"我的课程"页面。

二、课程绑定

点击"我的课程"页面右上方"绑定课程",正确输入教材封底防伪标签上的20位密码,点击"确定"完成课程绑定。

三、访问课程

在"正在学习"列表中选择已绑定的课程,点击"进入课程"即可浏览或下载与本书配套的课程资源。刚绑定的课程请在"申请学习"列表中选择相应课程并点击"进入课程"。

如有账号问题,请发邮件至:abook@hep.com.cn。